세상에서
제일 행복한
엄마표
실내놀이

아이와의 놀이가 기다려지는

세상에서 제일 행복한 엄마표 실내 놀이

각씨마마 이미라 지음

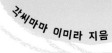

슬로래빗

엄마보다 더 좋은 선생님은 없습니다

보육을 전공했고 어린이집에서도 10여 년을 근무했으니 아이 하나 키우는 것쯤은 너무나 쉬운 일이라고 생각했습니다. 그렇게 자신 있다고 큰소리쳤던 제가, 출산하고 6개월을 우울증으로 살았습니다. 육아가 이렇게 계속 힘들고 우울하면 어쩌나 두렵기까지 했는데, 아이가 앉으면서부터 달라졌어요. 함께할 수 있는 놀이가 많아지니 조금씩 육아가 즐거워지더라고요. 동병상련하고 있을 엄마들을 도와주려고 제가 아이와 했던 놀이와 육아 정보를 블로그에 올리기 시작했고, 벌써 8년이 되었습니다.

하루는 너무 간단한 재료로만 노는 것 아닐까, 아이들에게 미안한 마음이 생겼어요. 욕심을 내서 재료를 준비했지만, 의욕만 넘쳤지 며칠 동안 놀잇감 하나를 제대로 못 만들겠더라고요. 괜히 짜증만 났습니다. 결국, 원래 하던 대로 재활용품으로 돌아갔지요. 멋진 걸 만들어야 한다는 부담감이 사라지니 아이랑 노는 게 다시 즐거워졌어요. 아이와 눈 한 번 더 마주치고, 더 안아주고, 잠깐이라도 더 놀아주는 게 최고라는 걸 한 번 더 깨달았습니다. 저는 선생님이 아니라 엄마니까요.

엄마표 놀이는 내 아이를 알아가는 과정입니다

첫째는 순한 데다가 감수성과 예민함, 차분함까지 있어서 아들이라도 힘들지 않았어요. 배 속 둘째 아이가 아들이라는 말을 들었을 때도, 두 아들을 키우는 것에 대해 크게 걱정이 안 되더라고요. 그런데 이게 웬일인가요. 둘째는 정말 개구쟁이에, 산만함에, 아들의 특징을 온통 다 가지고 있었답니다. '이 아이와도 엄마표 놀이가 가능할까?' 생각이 들 정도였는데, 결론은 가능했습니다. 다행스럽게도 말이지요. 만약 아이가 저희 둘째와 성향이 비슷하다면, 몸 안의 에너지를 어느 정도 발산시켜준 다음에 엄마표 놀이를 본격적으로 시작해보세요. 한결 더 수월하게 놀이에 참여할 수 있습니다. 내 아이의 특성을 빨리 알면 알수록 아이와의 시간이 더 즐거워집니다.

다양한 놀이는 아이의 자기 주도성을 키워줍니다

두 아이 모두 앉기 시작하면서부터 집에 있는 재활용품과 문방구에서 살 수 있는 간단한 재료로 마음껏 놀게 했어요. 재활용품 하나를 봐도 '짐만 되는 쓰레기'라는 생각보다 '이걸로 아이가 더 멋진 작품을 만들 수 있겠구나.' 생각했지요. 그래서인지 우리 아이들은 새로운 것을 접해도 두려워하지 않고, 호기심을 가지고 도전해보려고 합니다. 접해보지 않은 것이면 일단 "나 이거 못하는데."라거나 "만지기 싫어."라 하는 아이들도 종종 봤거든요. 저희 아이들은 "엄마, 이거 한번 써볼게."라고 먼저 말하기도 하고, 문구점에서 새로운 재료를 보면 자기가 놀잇감을 만들어보겠다며 사달라고 조르기도 합니다. 딱 갖춰진 장난감이 아니라 엄마와 함께 탐구하고 스스로 놀이를 만들어가는 과정을 통해 아이의 주도성이 향상되는 것임을 느낍니다.

선행 학습보다 엄마표 놀이로 초등 생활을 준비합니다

초등 1학년 엄마들은 아이가 학교생활에 잘 적응할 수 있을지 전전긍긍하지요. 일단, 수업이라도 잘 따라가길 바라는데, 그러려면 선행 학습보다는 엄마표 놀이를 해주세요. 수업에 적응하지 못한 아이들 상당수가 글자를 쓰기 싫어하는데, 한글을 몰라서가 아니라 대부분 손과 팔이 아파서 그렇더라고요. 아프니까 짜증이 나고, 짜증이 나니 쓰기가 더 싫어지면서, 학교 수업에 흥미를 잃어가는 아이들을 많이 봤습니다. 첫째 아이는 엄마표 놀이를 많이 해서인지 소근육이 많이 발달한 편이에요. 또래 아이들이 글씨 쓰는 걸 힘들어할 때, 1학년 아이답지 않게 차분히 앉아서 잘 쓴다는 칭찬을 많이 받았답니다.

놀아주는 게 아니라, 함께 노는 것이 바로 엄마표 놀이입니다

엄마표 놀이로 한 시간을 논다고 하면, "우리 아이는 집중력이 없나 봐요. 5분도 안 돼서 그만한다고 해요."라는 말을 많이 들어요. 엄마들은 대부분 아이 혼자서, 한 가지 놀이로, 한 시간 이상을 놀아주기를 바라기도 하지요. 그런데 어린이집 수업을 예로 들어볼게요. 음률 시간이 되면 노래만 부르는 게 아니랍니다. 노래와 관련된 그림 자료를 보며 이야기를 나누고, 노래를 듣고, 듣고 난 느낌을 표현해보기도 하고, 관련된 동화를 듣기도 해요. 이 모든 것을 30분에 걸쳐서 하기 때문에 아이들이 집중할 수 있는 것입니다. 저도 마찬가지로 아이들과 집에서 활동할 때 이야기도 나누고, 놀이와 관련된 도구나 방법을 같이 찾아보기도 하고, 역할놀이까지 함께해요. 놀잇감을 주며 아이 혼자 놀라고 했다면 아이가 놀이를 계속하지 못했을 테고, 아이와의 놀이를 그저 놀아주는 것으로 생각했다면 저 또한 그렇게 오랜 시간 놀이를 계속하지 못했을 것입니다.

불안한 마음을 접고, 엄마표 놀이를 시작해보세요

블로그 이웃 중에는 제가 장난감 없이 엄마표 놀이로만 아이들을 키우는 걸로 아는 분도 종종 있어요. 저희 아이들도 터닝메카드, 베이블레이더로 놀기 좋아하고, 텔레비전도 자주 봐요. 엄마표 놀이로만 키우겠다는 생각도 해본 적이 없어요. 하지만, 제가 두 아들을 키우면서 가장 중요하게 생각하는 건 바로 '엄마표 놀이'입니다. 장난감으로 몇십 분 놀았다면, 저는 아이들에게 "엄마랑 놀자!"라고 말해요. 아이들 반응이 궁금하시죠? 너무나 좋아해요. "뭐 할 건데요?" 하면서 눈빛이 반짝입니다.

장난감과 텔레비전으로만 시간을 보내고 있다고 걱정되시나요? 문화센터를 등록해야 하는 건 아닌지, 학습지 선생님이라도 불러야 하는 건 아닌지 불안하신가요? 그렇다면 먼저 아이들과 간단한 재료를 이용해 놀이를 시작해보세요. 엄마보다 더 좋은 선생님은 없으니까요.

차례

서문 _ 엄마보다 더 좋은 선생님은 없습니다 • 4

PART1

창의력이 퐁퐁 자라나는 미술 놀이

내가 우리 집 요리사! • 12 | 반짝반짝 빛나는 자동차 • 14 | 멋쟁이 가방 • 16 | 만국기가 펄럭펄럭 • 18 | 비 오는 풍경 • 20 | 강아지도 집이 필요해 • 22 | 벚꽃이 활짝 • 24 | 신나는 미용실놀이 • 26 | 쭉쭉 종이를 찢으면 • 28 | 네모난 케이블카 • 30 | 커피 향이 솔솔~ 꽃게 집으로 가요! • 32 | 복면가왕은 바로 내! • 34 | 생일 축하합니다 • 36 | 마트에 가면 • 38 | 숲 속의 곤충 나라 • 40 | 사과 나비가 팔랑팔랑 • 42 | 후후~ 물감을 불어라 • 44 | 폭신폭신한 양말 인형 • 46 | 나비가 훨훨 • 48

PART2

일상 도구로 시작하는 수/조작 놀이

패턴을 맞춰봐! • 52 | 깃발을 다 꽂은 사람이 승리~ • 54 | 레고 아파트 • 56 | 알쏭달쏭 시계 보기 • 58 | 빨래를 탁탁! • 60 | 정해진 곳에 주차하세요 • 62 | 게임할 땐 점수판 • 64 | 왼쪽? 오른쪽? • 66 | 물건 속 숫자의 비밀을 밝혀라! • 68 | 1부터 100까지 숫자 지우기 • 70 | 종류별로 모아라! • 72 | 아빠에게 전화해요 • 74 | 구멍이 뽕뽕! • 76 | 부등호와 친해지기 • 78 | 검은콩 이사 대작전 • 80 | 어이쿠! 무겁다 무거워! • 82 | 사진으로 만든 퍼즐 • 84 | 또르르~ 구슬이 굴러갑니다 • 86 | 빨대 축구 • 88

PART3
몸과 마음이 즐거워지는 신체 놀이

펄~펄~ 눈이 옵니다 · 92 ┃ 슛! 골인이에요~ · 94 ┃ 그대로 멈춰라 · 96 ┃ 바짝 달라붙어! · 98 ┃ 살금살금 기어서 가자 · 100 ┃ 알록달록 색종이길 · 102 ┃ 풍선을 찰싹 · 104 ┃ 오르락내리락 책 계단 · 106 ┃ 미니 농구 게임 · 108 ┃ 페트병으로 길을 내요 · 110 ┃ 아빠 옷 입고 변신! 슈퍼맨~ · 112 ┃ 골프 신동이 나타났다! · 114 ┃ 빙글빙글 우산 놀이 · 116 ┃ 우리 몸으로 표현해봐요 · 118 ┃ 스트라이크! 볼링은 재밌어! · 120 ┃ 칙칙폭폭 기차놀이 · 122 ┃ 한 번 더! 이불 썰매 · 124 ┃ 과녁 속으로 공이 쏙~ · 126 ┃ 튜브 타고 낚시 · 128

PART4
감수성을 키워주는 오감 놀이

말랑말랑 두부 놀이 · 132 ┃ 뽁뽁이 터지는 소리 · 134 ┃ 하늘에서 국수 비가 내려와 · 136 ┃ 물주머니로 벌레만 쫓는다고? NO! · 138 ┃ 솜사탕 꽃이 활짝 · 140 ┃ 보들보들 까칠까칠 촉감 놀이 · 142 ┃ 상자 속이 궁금해 · 144 ┃ 쏙쏙 과자 끼우기 · 146 ┃ 쉿! 새알이 있어요 · 148 ┃ 나의 첫 카나페 · 150 ┃ 둥실둥실 구름빵 신발 · 152 ┃ 뽀드득뽀드득 세수 시간 · 154 ┃ 테이프를 뜯으면 길이 나타나요 · 156 ┃ 셀로판지는 색채의 마술사 · 158 ┃ 찢고~ 풀고~ 붙이고~ 신나는 휴지 놀이 · 160 ┃ 채소 가득 달걀말이 · 162 ┃ 자연물로 그린 멋진 내 몸 · 164 ┃ 가루야 가루야 밀가루야 · 166 ┃ 채소 나라, 채소 인형 · 168

PART5
초등 생활의 주춧돌이 되어주는 한글 놀이

우리 집 보물찾기 · 172 ┃ 큰 글자, 작은 글자 · 174 ┃ 너는 나의 색깔 짝꿍 · 176 ┃ 웃는 도깨비 우는 도깨비 · 178 ┃ 내 몸에 대해 알고 싶어요 · 180 ┃ 내 이름은 · 182 ┃ 감사의 마음을 표현해요 · 184 ┃ 쌍둥이 카드를 찾자! · 186 ┃ 이번 역은 서울역~ 서울역~ · 188 ┃ 책이 어디에 있을까? · 190 ┃ 단어가 비치볼 속에 둥둥~ · 192 ┃ 내가 만든 동요 가사판 · 194 ┃ 동물 기차가 달려갑니다 · 196 ┃ 지글지글~ 신나는 요리 시간 · 198 ┃ 딱풀 의성어 놀이 · 200 ┃ 빙고~! 한 줄씩 지워요 · 202 ┃ 동글동글 CD 책 · 203 ┃ 어휘력이 퐁퐁~ 재미있는 끝말잇기 · 204 ┃ 집에서 하는 시력 검사 · 205

창의력이 퐁퐁 자라나는

미술 놀이

다른 엄마들이 미술 놀이를 하는 모습에, '나도 내일 해봐야지.' 한 적 있으시죠? 다음 날 야심 차게 재료를 준비하여 시작했는데, 생각대로 잘 안 돼서 화난 적도 제법 있을 거예요. 순서대로만 하면 잘 될 것 같은데 내 마음처럼 잘 안돼서 속상하셨겠지요. '다른 집 아이는 잘하는데, 내 아이는 왜 이런 거지?' 하면서 말이죠. 블로그 이웃 중에서도 이런 고민으로 쪽지를 보낸 분이 있어요. '아이가 재료에 짜증을 내면 좋아하는 재료로 바꿔주세요. 1번에서 3번까지는 잘하다가 4번 활동은 안 하려고 하면 그대로 멈추세요'라고 답했습니다. 결과물이 안 나오지 않냐고 반문하셨는데, 제 대답이 뭐였을까요? '결과물 안 나와도 괜찮아요. 아이가 즐겁게 활동했잖아요.'입니다.

서문에도 말했듯이, 엄마는 선생님이 아니에요. 멋진 결과물을 원한다면 미술학원에 보내면 됩니다. 저 또한 미술 놀이를 10번 하면, 결과물은 반에 반도 안 나와요. 목공풀을 처음 써본 날, 저희 아이들은 목공풀을 짜는 데 집중하더라고요. 그다음으로 넘어가질 않길래, 마음껏 목공풀을 탐색하게 하고, 그 다음 날 활동을 이어갔습니다. 마찬가지로, 또 다른 재료를 탐색하려고 하면 탐색하도록 놔뒀어요. 미술 놀이는 결과물이 중요한 것이 아니라는 점만 기억하면, 활동 순서에 연연하지 않게 되면서 스트레스 없이 할 수 있습니다

새로운 재료를 준비해준다

6세 이상이 되면 그동안 사용했던 미술 재료들보다 새로운 재료를 많이 원하더라고요. 어린이집 아이들도 그랬고, 저희 아이들도 그랬어요. 종이에 물감으로만 색칠했다면, 유리병에 색칠할 수 있는 스테인드글라스 물감을 준비해주고, 물에 뜨는 마블링 물감을 사용해보기도 하고, 종이 대신 펠트지나 우드락을 사용해보면 좋겠지요.

작품은 사진으로 남겨둔다

아이들 작품을 어떻게 관리하는지 궁금해하는 분들이 많았어요. 그림은 파일에 보관해두더라도, 만들기 작품들은 보관도 어렵고 시간이 지날수록 변형이 돼서 못 모으겠더라고요. 저는 일정한 시간 동안만 아이들 눈높이에 작품을 전시해뒀다가, 사진만 남기고 정리했어요.

위험한 도구가 필요하면 엄마가 미리 해둔다

활동하다 보면 송곳, 칼 등 위험한 도구를 사용해야 할 때가 있는데, 아이들은 꼭 자기가 해보겠다고 하죠. 엄마는 위험해서 안 준다고 하고, 아이는 해보겠다고 하는 상황이 오면 시작도 하기 전에 기분이 상할 수 있습니다. 아이가 직접 해볼 수 없는 도구를 사용한다면, 아이가 없는 곳에서 미리 준비해두세요.

내가 우리 집 요리사!

꼬물꼬물 맛있는 국수를 만들어볼까?

아이와 함께 국수(면류)를 먹었던 경험을 떠올려보고 어떻게 만들어야 할지 상상할 시간을 주세요. 그런 다음 아이들이 직접 요리사가 되어보도록 미술 재료를 준비해주면 좀 더 적극적으로 활동할 수 있어요. 완성된 요리로 식당놀이를 해보세요. 주인과 손님의 역할에 대해 알게 되고 식당 예절도 즐겁게 익힐 수 있을 거예요.

준비물 물감, 털실, 그릇, 매직펜, 종이, 목공풀, 일회용 접시, 꾸미기 재료

1 빈 그릇에 물감을 짜고 털실을 넣어서 물감이 골고루 묻도록 섞는다.

2 물감이 묻은 털실을 일회용 접시에 옮겨 담는다.

3 꾸미기 재료로 그릇과 요리를 장식한다. 이때 목공풀로 붙이면 재료가 잘 떨어지지 않는다.

4 아이와 함께 요리 이름과 가격을 정한 후 종이에 적는다.

털실 그림 나무젓가락처럼 아이가 잡기 편한 막대에 털실을 묶어주세요. 이때 털실 길이는 너무 길지 않도록 30cm 내로 준비합니다. 종이를 반으로 접었다가 다시 펼쳐놓고, 털실에 물감을 문혀서 털실 부분만 종이 반쪽 면에 올린 후 종이를 덮어주세요. 종이를 두꺼운 책이나 손으로 누른 다음 막대를 잡아당기면 털실의 움직임에 따라 멋진 그림이 나타납니다.

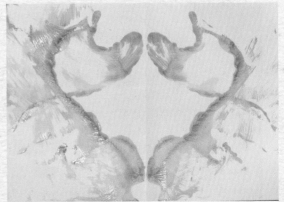

멋쟁이 가방

엄마 가방이
마음에 들어?

아이들은 엄마 아빠 물건으로 역할놀이를 하며 노는 것을 좋아합니다. 아이가 엄마 가방을 메고 논다면 가방을 직접 만들어볼 수 있게 재료를 준비해주세요. 가방의 종류와 역할, 가방에 무엇을 넣고 싶은지, 무엇으로 어떻게 만들지 먼저 얘기한 후 시작하세요. 색도화지로 만들어도 좋고, 지퍼백, 종이 상자, 우유갑도 멋진 가방이 될 수 있어요. 재미있게 공작 놀이 하면서 눈과 손의 협응력이 길러지고 창의력과 미적 감각도 쑥쑥 자라납니다.

준비물 색도화지, 플라스틱 안전바늘, 펀치, 리본끈, 목공풀, 꾸미기 재료

1 색도화지를 반으로 접은 후 양쪽 가장자리를 펀치로 뚫는다.

2 안전바늘에 리본끈을 매어 묶고, 리본끈의 다른 한쪽 끝은 종이가 접힌 부분의 맨 끝 구멍에 묶는다. 안전바늘이 없다면, 운동화 끈처럼 리본끈 끝을 테이프로 단단하게 감아서 사용한다.

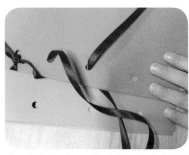

3 안전바늘을 구멍 앞뒤로 오가며 감침질하듯 꿰맨다. 종이가 접히지 않은 부분은 끈을 여유롭게 남겨서 가방끈이 되도록 한다.

4 스티커, 단추, 뽕뽕이 등 꾸미기 재료로 가방을 장식한다.

응용

크리스마스 양말 부직포 2장을 겹쳐서 크리스마스 양말 모양으로 잘라주세요. 양말목 부분을 제외한 나머지 외곽을 펀치로 뚫은 후 안전바늘과 리본끈으로 바느질합니다. 글루건이나 목공풀을 이용하여 꾸미기 재료를 붙여주면 크리스마스 양말이 완성됩니다.

TIP 쉽게 실 꿰기 놀이를 하려면

종이를 코팅해 펀치로 구멍을 뚫어주면, 구겨짐이 없어서 쉽게 실을 꿸 수 있어요. 신발 모양으로 오린 다음 운동화처럼 두 줄로 구멍을 뚫고 운동화 끈 묶기를 연습해봐도 좋아요.

만국기가 펄럭펄럭

다른 나라 국기는 어떻게 생겼을까?

아이들은 시장이나 큰 건물 앞에 걸려있는 만국기를 보면 마냥 신기해합니다. 나라마다 국기가 다르다고 알려주면 이건 어느 나라 국기냐고 물어보며 엄마를 당황스럽게 할 때도 있지요. 그럴 땐 아이와 함께 만국기를 만들거나 국기 책을 만들어보는 건 어떨까요? 아이가 알고 있는 나라의 국기를 국기 백과에서 찾아보고, 세계지도나 지구본으로 그 나라가 어디에 있는지 확인해보기도 하면서요. 태극기의 의미도 함께 알아보면 더욱 좋겠지요.

준비물 세모 색종이, 국기 프린트한 종이, 가위, 풀, 끈, 스카치테이프

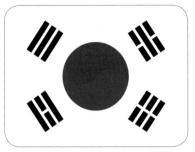

1 태극기의 문양과 색상을 탐색하고 의미에 대해 알아본다.

2 아이와 함께 세계 국기를 고른 후 프린트하여 오린다.

3 국기를 세모 색종이에 붙인다. 세모 색종이가 없으면 네모난 색종이에 해도 된다.

4 세모 색종이를 일정한 간격으로 끈에 붙이면 만국기가 완성된다.

응용

국기 책 8절 색도화지를 책 모양으로 접어서 국기를 붙여주세요. 국기 아래에 나라 이름과 속한 대륙, 수도 등을 적고 표지를 꾸미면 나만의 국기 책이 완성됩니다. 아이들이 좋아하는 공룡, 자동차 등 다양한 주제로 책을 만들 수 있어요. 아이가 만든 책은 눈에 잘 띄는 곳에 두어 가족들이 함께 볼 수 있도록 해주세요. 참! 책 접는 방법은 인터넷에서 쉽게 찾을 수 있어요.

비 오는 풍경

파란 비를
내리게 해볼까?

동네 풍경과 우산 쓴 사람들의 모습을 그려놓고 실제 비가 오는 것처럼 분무기에 물감을 타서 뿌리는 단순한 놀이인데요. 서너 살 어린아이부터 취학 연령의 아이까지 누구나 재밌어합니다. 놀이를 시작하기 전에 비 오는 풍경에 대해 함께 이야기해보거나 비와 관련된 동화 〈비는 어디서 왔을까?〉를 읽어주는 것도 좋아요. 놀이에도 집중할 수 있고, 지식 확장에도 도움이 돼요.

준비물 전지, 잡지, 풀, 가위, 테이프, 큰 김장비닐, 색연필, 분무기(물총), 파란 물감, 물

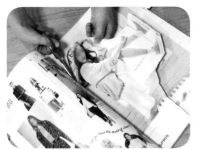

2 비 오는 날 사람들의 모습을 이야기하고, 우산, 장화, 비옷 등 소품으로 자유롭게 표현하도록 한다.

3 2의 전지를 김장비닐에 넣어서 욕실 벽에 붙인다.

1 잡지에서 사진을 오려서 전지에 붙인다.

4 분무기(물총)에 파란 물감을 넣어 물과 섞은 후, 비닐 위에 비처럼 뿌리며 논다. 페트병 뚜껑에 구멍을 내어 사용해도 좋다.

응용

우리 동네 풍경 전지에 색종이와 잡지 속 사진들을 붙여서 동네 풍경을 꾸며보세요. 마트, 병원, 놀이터 등 평소에 아이와 자주 가는 곳을 이야기하며 꾸미다 보면 어느새 우리 동네가 완성됩니다. 3~4세 아이들은 전지에 자유롭게 종이를 붙여보는 것만으로도 즐거워한답니다.

강아지도 집이 필요해

강아지도 잘 때
춥지 않을까?

역할놀이는 주어진 상황에서 서로의 역할을 생각하고 행동해보면서 아이들의 상상력과 사회성을 기르고, 공감 능력과 배려심 등을 배울 수 있는 중요한 놀이입니다. 남자아이, 여자아이를 떠나 아이들에게 정말 필요한 놀이지요. 그중에서 동물 인형으로 하는 놀이는 동물을 사랑하고 배려하는 마음을 갖게 하는데요. 평소 인형만 가지고 놀았다면 집과 이불을 직접 만들어보는 건 어떨까요?

준비물 빈 상자, 색도화지, 색종이, 행주, 패브릭 시트지(일반 시트지도 가능), 스카치테이프, 가위, 매직펜, 목공풀, 꾸미기 재료

22

1 상자의 겉면과 바닥에 색도화지를 붙인다.

2 색종이, 꾸미기 재료, 매직펜 등으로 강아지 집을 완성한다.

3 행주에 패브릭 시트지를 오려 붙여서 이불을 만든다.

4 완성된 강아지 집과 이불로 인형 놀이를 한다.

응용

상자 자동차 상자 위, 아래의 뚜껑을 잘라낸 다음 겉면에 시트지나 색도화지를 붙여서 꾸며주세요. 잘라낸 뚜껑 부분의 종이를 동그랗게 오려서 바퀴를 붙입니다. 상자 양옆에 구멍을 뚫고 끈을 달면 어깨에 걸고 놀 수 있어서 편하고, 상자 여러 개를 끈으로 묶어서 연결하면 기차놀이도 할 수 있답니다.

벚꽃이 활짝

나무가 옷을
갈아입었네?

종이를 구겨서 찍는 방법으로 벚꽃을 표현해봤어요. 미술 활동이나 재료에 거부감이 있는 아이라면 평소 만져보던 종이를 이용하기 때문에 부담 없이 즐겁게 할 수 있답니다. 자연물을 주제로 미술 놀이를 할 때는 밖으로 나가서 나무 기둥, 풀, 꽃, 돌, 흙, 모래 등을 관찰하고 만져볼 수 있게 한 다음 활동하면 더욱 좋아요. 완성된 작품은 창문이나 현관에 전시해 두세요. 햇빛을 받고 바람에 살랑살랑 흔들리면 더 멋진 작품이 됩니다.

준비물 서류 봉투, A4용지, 김장비닐, 물감, 붓, 일회용 접시, 스카치테이프

1 A4용지를 반으로 잘라서 손으로 구긴다.

2 서류 봉투를 잘라서 나무 기둥 모양으로 비닐에 붙인다. 서류 봉투는 갈색 색종이로, 비닐은 전지로 대체할 수 있다.

3 빨간색 물감에 흰색을 조금씩 섞으면서 벚꽃과 비슷한 색으로 만든다. 색을 비교하며 물감을 섞는 전 과정을 아이가 직접 하도록 지도한다.

4 구겨놓은 종이에 물감을 묻혀서 나무에 찍으며 벚꽃을 표현한다. 다른 색으로 나무 주변도 함께 꾸며준다.

종이꽃 화병 벚꽃 찍기 활동에서 물감 찍는 데 사용한 종이를 그대로 말려주세요. 그다음 빨대와 초록색 종이로 줄기와 잎을 만들어 붙이고 유리병에 꽂아주면 멋진 화병이 완성됩니다. 나뭇잎을 만들 때 나뭇잎 모양으로 오려주기만 해도 되지만, 오린 색종이를 반으로 접고 계단 접기를 하여 펼치면 잎맥을 더욱 생생하게 표현할 수 있어요. 참! 꽃을 꽂을 때 주름 빨대의 윗부분을 병 안쪽으로 넣어야 꽃이 쓰러지지 않아요.

신나는 미용실놀이

선생님~
머리 예쁘게
해주세요~

아이들은 머리카락을 만지며 노는 것을 좋아해요. 집에 있는 간단한 재료로 사람을 만들어 놓고 미용실놀이를 해보세요. 어울리는 머리 스타일을 만들어보면서 표현력과 창의력, 심미감을 높일 수 있어요. 끈을 꼬고 묶고, 가위를 사용하는 과정을 통해 소근육 발달은 물론, 조작 능력도 발달한답니다. 특히 역할놀이를 함께하면서 타인을 이해하는 공감 능력과 사회성도 함께 길러주는 놀이입니다.

준비물 종이 상자, 끈이나 실 종류, 가위, 잡지, 스카치테이프

1 잡지에서 얼굴이 크게 나온 사진을 골라서 종이 상자에 붙인 다음, 상자를 의자에 고정한다.

2 끈(실)을 상자에 자유롭게 붙여서 머리카락을 표현한다.

3 미용사처럼 가위로 끈을 자르며 여러 가지 헤어스타일을 만든다.

4 끈끼리 꼬거나 묶고, 액세서리로 꾸미는 등 다양하게 변형한다.

응용

알록달록 액자 다양한 끈을 준비해놓고 재료의 특성이 서로 어떻게 다른지 탐색하는 시간을 먼저 가집니다. 그런 다음 일회용 접시에 준비한 끈을 붙여주세요. 예쁜 문양의 마스킹테이프가 있다면 함께 사용해도 좋아요. 끈을 다 붙이고 난 후 가운데에 사진을 붙여주면 멋진 액자가 완성됩니다. 끈이나 사진이 잘 붙지 않을 때는 목공풀을 이용하면 됩니다.

쭉쭉 종이를 찢으면

무슨 모양이
보이니?

종이는 주변에서 쉽게 구할 수 있는 놀이 재료입니다. 신문, 전단, 서류 봉투, 잡지, 색종이, 포장지 등등 종류도 다양하지요. 종이를 만지고 찢어보는 놀이는 손의 감각과 소근육을 발달시키고, 종이를 공 모양으로 뭉쳐서 던지는 놀이는 대근육 발달에 도움이 됩니다. 4세 이상 아이들이라면 찢어놓은 종이를 보면서 어떤 모양인지 이야기 나누고 도화지에 붙여서 콜라주 그림을 완성해보세요.

준비물 여러 가지 종이, 도화지, 풀, 크레파스(색연필)

1 여러 가지 종이의 특징을 탐색한다.

2 종이를 찢어서 다양한 모양을 만든다. 아이가 종이 찢기를 힘들어한다면 엄마가 종이 윗부분을 조금 찢어주고 나머지는 아이가 직접 하도록 한다.

3 찢은 종이를 도화지에 붙인다.

4 크레파스나 색연필을 이용해 아이의 상상대로 자유롭게 표현한다. 스티커, 모형눈 등으로 꾸며도 좋다.

응용

색종이 모자이크 어린아이들은 엄마가 그려준 그림에 색종이를 찢어서 붙이는 모자이크 활동을 해보세요. 소근육이 발달하는 중이라 밑그림에 딱 맞게 색종이를 붙이기는 힘들어요. 풀칠하고 붙여보는 연습이라 생각하고 자주 활동할 수 있게 해주세요. 색종이를 찢어 붙이는 대신, 크레파스를 촛불에 녹여서 찍어도 색달라요. 단, 초를 사용하는 활동이니 꼭 부모님이 꼭 옆에 계셔야 해요.

네모난 케이블카

줄에 대롱대롱 매달린 차는?

평소에 탈 수 있는 지하철, 자동차, 버스 이외의 교통수단에 대해 먼저 이야기를 나눠보세요. 엄마가 교통수단의 특징을 말해주면 아이가 정답을 맞추는 퀴즈도 재미있습니다. 아이들에게 무섭고도 신기한 교통수단 중 하나는 관광지에서나 타볼 수 있는 케이블카입니다. 케이블카를 타본 경험이나 케이블카가 어떤 곳에 설치되는지 이야기하며 케이블카의 특징을 알아보고 직접 만들어보세요.

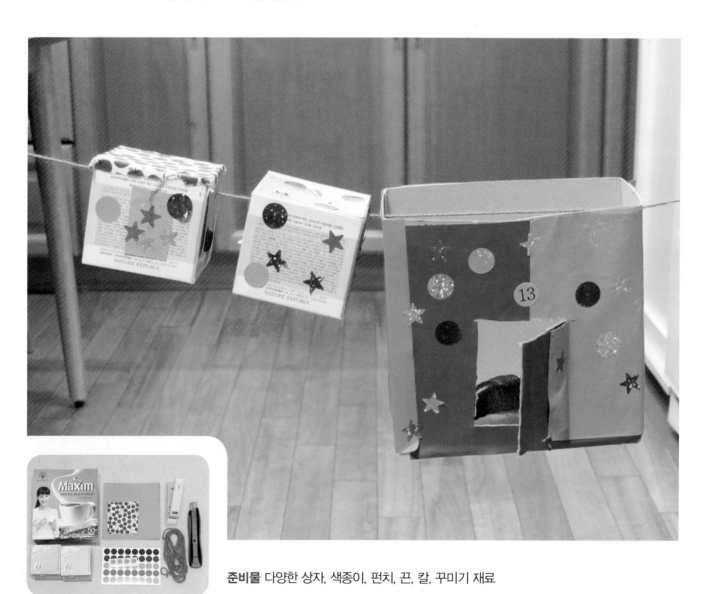

준비물 다양한 상자, 색종이, 펀치, 끈, 칼, 꾸미기 재료

1 여러 개의 상자를 색종이와 꾸미기 재료로 예쁘게 꾸며준다. 상자 크기가 달라도 괜찮다.

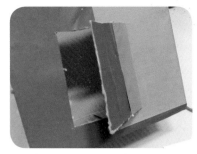

2 상자에 네모난 구멍을 내어 케이블카의 문을 만든다. 칼이 위험하므로 엄마가 도와주도록 한다.

3 상자 양옆을 펀치로 뚫고 끈에 케이블카를 매달아준다.

4 끈의 양 끝을 각각 적당한 곳(예: 문고리)에 묶어서 케이블카가 움직일 수 있도록 만든다. 한쪽을 높은 곳에 묶어 경사를 주면 더 재미있다.

5 케이블카에 인형을 넣고 역할놀이를 한다. 이때 케이블카 안전 수칙을 안내 방송으로 흉내 내며 안전 교육을 함께하면 좋다.

응용

풍선 케이블카 타고 둥둥~

풍선으로도 케이블카를 만들 수 있어요. "풍선 케이블카는 둥둥~~ 천천히 갈 것 같아" 하면서 울상을 짓던 아이가 직접 만들어보고 나서는 "남산 케이블카보다 빠르다!" 하며 좋아했답니다. 5cm 정도 길이로 자른 빨대를 끈에 끼운 후 문고리 2개에 끈 양쪽 끝을 각각 묶어주세요. 풍선을 불어서 준비하되 입구는 묶지 않아요. 아이가 풍선 입구를 꼭 잡고 있는 동안, 테이프로 풍선을 빨대에 붙여주세요. 엄마가 "케이블카 출발합니다!" 외친 후, 아이가 풍선에서 손을 놓으면 바람이 빠지면서 케이블카가 움직입니다. 풍선이 어떻게 날아갔을까 아이와 함께 이야기 나눠보세요.

커피 향이 솔솔~ 꽃게 집으로 가요!

집게다리를 뽐내며
옆으로 걷는 동물은?

먼저 꽃게가 어디에 사는지, 꽃게가 어떻게 움직이는지 이야기를 나눕니다. 그다음 빨래집게와 다양한 만들기 재료로 꽃게를 만들고, 커피 가루로 갯벌을 표현해보세요. 커피 가루를 다룰 때는 아이들이 자유롭게 커피 향을 맡아보고 만져보며 오감 놀이를 할 수 있도록 해주세요. 아이들이 평소에 가지고 노는 재료가 아니라 호기심을 불러일으킬 수 있고, 액자를 만들면서 자신감과 성취감도 북돋운답니다.

준비물 종이 상자, 붓, 가위, 커피 가루, 모루, 모형눈,
빨래집게, 펀치, 글루건, 꾸미기 재료

1 상자를 오려서 꽃게의 몸통과 눈을 만든다. 아이가 어리면 엄마가 도와 주도록 한다.

2 빨래집게나 모루로 꽃게의 다리를 만들고, 모형눈을 붙인다. 꾸미기 재료가 없으면 종이를 오려서 붙이거나 매직펜으로 그리면 된다.

3 상자에 자유롭게 커피 가루를 뿌린 후 붓에 물을 묻혀서 커피 가루를 녹이며 상자를 색칠한다. 카레나 짜장 가루로 만들어도 된다.

4 상자를 세워서 꽃게를 전시한다. 스티커 등으로 꾸며서 마무리한다.

응용

빨래집게 조형물 여러 가지 색깔의 빨래집게를 준비합니다. 빨래집게끼리 연결하여 재밌는 조형물을 만들어볼 수 있도록 해주세요. 동물을 만들어도 좋고, 한글을 배우고 있는 아이라면 글자를 만들어봐도 재미있어요.

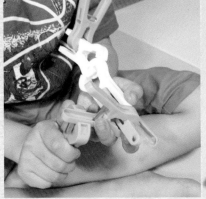
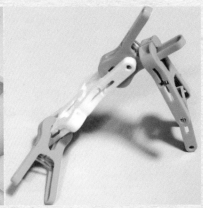

복면가왕은 바로 나!

아이들에게도 한창 인기 있었던 〈복면가왕〉 프로그램을 이야기하며 가면을 왜 쓰는 것일까 아이와 이야기해보세요. 나아가 우리나라의 전통 가면인 탈에 대해 알려주는 것도 좋겠지요. 이제 재활용품으로 가면을 만들어볼 차례입니다. 재활용품을 이용한 만들기 활동은 쓸모없이 버려지는 것을 다시 돌아볼 수 있게 해주고, 하나의 재료를 다양하게 변화시키는 과정에서 창의력과 문제 해결 능력도 키워줍니다.

준비물 쇼핑백, 가위, 끈, 테이프, 재활용품, 꾸미기 재료, 글루건

1 쇼핑백에 구멍을 뚫어 눈을 만든다. 중간에 가위집을 살짝 내주면 아이들도 쉽게 구멍을 낼 수 있다.

2 가면에 다양한 재활용품을 붙인다. 재활용품을 붙일 때는 테이프나 글루건을 사용한다.

3 스티커, 뿅뿅이 등 꾸미기 재료를 이용해 나만의 가면을 만든다.

4 가면을 쓰고 놀이를 한다.

응용

얼룩말 가면 아이가 좋아하는 동물이 무엇인지 물어보고, 특징을 먼저 알아보세요. 예를 들어, 털 색깔, 갈기 모양, 얼굴 형태 등 동물을 표현할 수 있는 특징을 아이와 이야기해보고 동물 가면을 만들면 됩니다. 한창 얼룩말에 푹 빠져있던 첫째 아이와 쇼핑백으로 얼룩말 가면을 꾸며봤는데, 좋아하는 동물이라서 그런지 더욱 주도적으로 활동할 수 있었어요.

생일 축하합니다

생일은
어떤 날일까?

먼저 생일이 어떤 의미인지 알아보고 달력에서 가족들의 생일을 확인해보세요. 이제 생일 케이크를 만들기 시작! 케이크 모양을 잡는 틀은 조각 케이크의 포장 용기가 크기와 모양이 적당하지만, 없으면 사발면 용기처럼 둥근 재활용 용기를 써도 괜찮아요. 밀가루 반죽으로 생일 케이크를 만들어서 생일 축하 놀이를 하거나, 여러 개 진열해놓고 제과점놀이를 하면 재밌어요.

준비물 밀가루, 그릇, 주걱, 물, 케이크 포장 용기, 점토찍기 틀, 점토, 붓, 물감, 꾸미기 재료

1 찍기 틀에 점토를 넣어 과일 모형을 만든 후 서늘한 곳에서 말린다.

2 밀가루를 물로 반죽한 다음 케이크 포장 용기에 밀가루 반죽을 바른다. 밀가루 반죽을 질게 하면 쉽게 바를 수 있다.

3 반죽 위에 물감을 칠한다. 밀가루에 물감을 넣어서 반죽해도 된다.

4 1에서 만들어둔 과일 모형과 여러 가지 재료로 꾸민다.

5 생일 축하 놀이를 한다.

응용

꽃 목걸이와 고깔모자 색종이를 꽃 모양으로 오리고, 빨대를 일정한 크기로 잘라주세요. 그다음 색종이, 단추, 빨대를 차례대로 실에 꿰어 꽃 목걸이를 만들면 생일 축하 놀이가 더욱 다채로워집니다. 시판 고깔모자가 식상하다면, 종이를 덧대어 아이만의 고깔 모자를 만들어봐도 좋아요.

마트에 가면

마트에 가면
달걀도 있고~♪

우편함에 항상 꽂혀있는 마트 광고지는 엄마표 놀이에 참 좋은 재료입니다. 엄마가 '마트에 가면~' 부분을 먼저 부르면, 아이들은 광고지를 보며 '달걀도 있고' 하며 따라 부르는 식으로 놀이를 시작해주세요. 그다음 광고지를 오려서 종이로 만든 냉장고를 채우고, 마트 간판도 만들어보며 활동합니다. 시작하기 전에 마트에 어떤 식료품이 있었는지 떠올려보거나, 우리 집엔 뭐가 있는지 냉장고를 관찰하면 더욱 적극적으로 참여할 수 있어요.

준비물 종이 상자, 색도화지, 크레파스, 가위, 풀, 마트 광고지, 스카치테이프

1 냉장고를 탐색해본다. 아이를 안아 올려서 냉장고 위 칸까지 볼 수 있도록 한다.

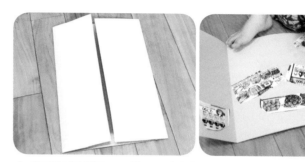

2 색도화지를 냉장고 모양으로 접어서 편 다음, 광고지에서 과일, 채소, 육류 등 냉장고에 넣을 것을 골라서 오려 붙인다.

3 광고지에 없는 식료품은 크레파스로 그린다.

4 상자를 잘라서 마트 간판을 만든다. 동네 산책하면서 보았던 간판을 떠 올려보고 아이가 직접 이름을 짓도록 한다.

응용

잔칫상 우편함이나 현관문 앞에 피자, 치킨, 중국집 등 다양한 배달 음식 광고지가 많이 있지요? 쓰레기라며 바로 버리지 말고 종류별로 모아보세요. 색도화지에 커다란 식탁을 그린 다음 먹고 싶은 음식을 마음껏 오려 붙이게 하면, 단순한 활동이라도 아이들이 무척 즐거워한답니다. 아이들의 음식 선호도를 알 수 있는 기회도 되지요.

숲 속의 곤충 나라

아이들은 길을 걷다가 개미라도 발견하면 그냥 지나치는 법이 없지요? 그 자리에 딱! 멈춰 서서 한참을 보고 또 보고. 아이들이 곤충을 관찰하고 있을 때 빨리 가자는 말 대신 기다려 주거나 함께 관찰해보세요. 곤충의 색깔, 모양, 무늬에 관해 이야기 나누면서요. 집에 와서 는 곤충을 주제로 미술 활동을 해보는 건 어떨까요? 그동안 사용하지 않던 새로운 재료를 주면 융통성이 자라나고 표현은 더욱 풍부해진답니다.

준비물 흰 종이(A4용지나 도화지), 색종이, 목공풀, 딱풀, 사인펜, 검정콩

1 색종이를 자유롭게 찢는다.

2 흰 종이에 1의 색종이를 붙여서 배경을 표현한다. 그림에 어떤 곤충이 살고 있는지 아이와 이야기 나눈다.

3 검정콩을 목공풀로 붙여서 개미를 표현한다.

4 사인펜으로 무당벌레를 그린 다음 무당벌레의 무늬를 검정콩으로 표현한다. 다른 곤충도 자유롭게 만든다.

5 나머지 배경은 물감으로 칠하여 완성한다.

응용

사인펜 번지기 사인펜으로 자유롭게 그림을 그린 다음 분무기로 물을 뿌려보세요. 형태나 주제가 분명하지 않은 낙서 그림이라도 괜찮습니다. 여러 가지 색이 혼합되는 것도 관찰해보고, 물이 번진 그림을 보며 무엇이 떠오르는지 이야기하면 되니까요. 큰 전지를 깔아놓고 온 가족이 함께하거나, 종이가 다 마른 후 사자 갈기나 공작 깃털 모양으로 오려서 만들기 놀이를 해도 좋아요.

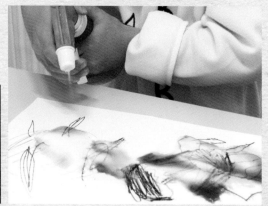

사과 나비가 팔랑팔랑

물감을 찍으면
어떤 모양이 나올까?

도장 찍기는 물감을 처음 접하는 영아들도 쉽게 할 수 있는 놀이로, 채소나 재활용품 등 주변에서 쉽게 구할 수 있는 재료로 도장을 만들면 됩니다. 5세 이상의 아이들은 단순한 찍기 활동에 그치지 않고 도장 그림을 풍부하게 확장해주면, 지루해하지 않고 참여한답니다. 냉장고에 오래 보관해둔 사과가 있다면 도장 놀이에 활용해보세요. 사과가 잘린 단면을 보며 연상되는 것을 이야기해보고 실제로 찍어보며 비교하는 것도 재미있어요.

준비물 흰 종이(A4용지나 도화지), 색도화지, 색종이,
사과, 가위, 물감, 펜(매직펜이나 사인펜), 풀, 붓

1 반으로 자른 사과에 물감을 묻혀 흰 종이에 찍는다. 사과가 없으면 감자나 당근을 이용해도 된다.

2 물감이 마르는 동안 색종이로 꽃을 접는다. 세모로 접은 후 양옆을 비스듬히 올려 접으면 간단하게 튤립을 완성할 수 있다.

3 1을 사과 모양대로 오려서 색도화지에 꽃과 함께 붙인다.

4 펜으로 자유롭게 그림을 완성한다. 무엇을 그리든 아이의 상상력에 맡겨두자.

TIP 어떤 모양이 나올까요?

당근을 원통 모양으로 잘라서 단면으로 찍어보고, 굴려서도 찍어보세요. 다시 반원 모양이 나오게 자른 후 면을 달리하면서 찍어보세요. "이렇게 찍으면 어떤 모양이 찍힐까?", "이렇게 자르면 어떤 모양이 나올 것 같아?" 질문하며 놀다 보면 도형 감각도 길러집니다.

응용

야미툰 다양한 채소와 과일로 동물을 표현하는 〈야미툰〉 프로그램이 아이들에게 인기가 많지요? 도장 놀이에 사용한 사과로 야미툰을 만들 수 있어요. 사과를 다양한 모양으로 잘라주고 아이에게 동물, 곤충, 식물 등을 표현해보게 하면 됩니다. 곰곰히 생각하다가 야미툰을 만들어낸 둘째에게 "무엇을 만든 거야?" 물으니 "해님이야." 대답하네요.

후후~ 물감을 불어라

바람이 나오는 곳은?

바람을 만들어낼 수 있는 곳에 관해 먼저 이야기합니다. 선풍기, 부채, 드라이기, 에어컨 등의 도구도 있고, 사람 입에서도 바람이 나올 수 있겠지요. 이제 아이와 함께 활동을 준비할 차례입니다. 버리지 않고 모아둔 약통에 물과 물감을 넣고 섞어서 색색의 물감통을 만들어주세요. 물감물을 떨어뜨려서 후후 불면 물감이 퍼져나가면서 만들어낸 우연의 효과로 그림이 그려집니다. 나무 기둥이나 얼굴을 그려놓고 나뭇가지나 머리카락을 표현해봐도 좋아요.

준비물 전지, 빨대, 약통, 물감, 물

44

1 약통에 물과 물감을 넣어 섞는다. 색이 잘 안 나타날 수 있으니 물을 너무 많이 넣지 않도록 한다.

2 바닥에 전지를 붙이고 물감물을 군데군데 뿌린다. 색깔이 있는 종이도 괜찮다.

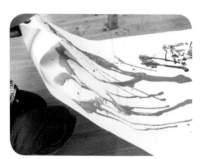

3 빨대를 후후 불어서 물감물을 퍼트린다. 부채, 드라이기, 빳빳한 종이 등 다른 재료를 활용해보거나, 부는 강도를 달리하며 비교해봐도 좋다.

4 종이를 들어서 경사를 지게 한 후 흘려보기도 한다.

응용

뽁뽁이 물감 흘리기

겨울에 창문에 붙였던 단열용 비닐, 일명 뽁뽁이에 물감을 흘려보는 활동입니다. 평평한 종이에 물감을 부는 것과 또 달라서 두 아이 모두 신기해하고, "물감이 지그재그로 달려가!"라며 즐거워했답니다. 참! 물감이 흘러내려 바닥이 지저분해지니 욕실에서 하세요.

TIP 색의 마술사가 되어봐요

색의 3원색인 빨강, 노랑, 파랑 물감을 각각 큰 약통에 넣고 물을 섞어 물감물을 만들어요. 3원색 물감물을 혼합하면서 비율에 따라 색이 달라지는 것을 관찰해보도록 합니다. 엄마가 미션을 내줘도 좋아요. "빨강에 파랑을 섞어라!", "노랑에 파랑을 섞는데, 파랑을 더 많이 섞어볼래?" 하고 말이에요.

폭신폭신한 양말 인형

인형을 꼭 안아봐~

인형 놀이는 아이의 정서 안정에 좋고, 오감이나 사회성 발달에도 좋아요. 인형을 만져보며 "인형 속에 뭐가 들어있을까?", "인형처럼 폭신한 것은 뭐가 있지?" 질문으로 인형 만들기에 필요한 재료를 떠올려보세요. 아이가 아직 어리다면 이불, 베개 등 생활 속의 물건들에서 답을 찾을 수 있도록 도와줍니다. 이제 촉감이 부드럽고 아이들에게 친숙한 양말로 인형을 만들어보세요. 수면 양말이나 작아진 아이 장갑으로도 인형을 만들 수 있답니다.

준비물 양말, 솜(베개솜 또는 방울솜), 꾸미기 재료, 목공풀, 면봉

1 솜을 자유롭게 탐색한다. 솜을 눌러보고 한 움큼 쥐어보고 뜯어서 날려보는 등 솜의 특징을 알아본다.

2 양말이 볼록해지도록 솜을 집어넣는다. 솜이 없으면 곡물을 넣어도 된다.

3 솜을 넣은 양말에 빈 양말을 덧씌워서 솜이 나오지 않도록 한다. 바느질로 마무리해봐도 좋다. 단, 안전에 유의할 것!

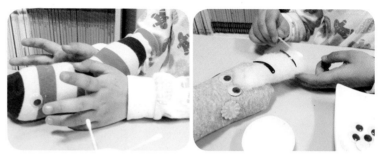

4 꾸미기 재료로 양말 인형을 완성한다. 면봉에 목공풀을 묻혀서 꾸미기 재료를 붙이면 편하다.

응용

길이 비교 여러 개의 양말에 솜을 채워서 크기 비교가 쉽도록 준비해주세요. 그런 다음 큰 순서나 작은 순서로 순서 짓기를 합니다. "점점 크게~ 점점 크게~" 노래를 부르면서 하면 더 재미있어요. 단순해 보여도 이렇게 길이를 비교하고 순서를 매기는 과정은 논리적 사고의 기초가 된답니다. 활동을 마치면, 아이가 직접 양말 짝을 맞추며 정리해볼 수 있게 하세요.

나비가 훨훨

나비야~♬
나비야~♬

봄이 되면 대부분의 유아 교육기관에서 꽃과 나비를 주제로 활동을 합니다. 그때 단골로 등장하는 노래가 〈나비야〉 동요입니다. 하루는 제가 아이 앞에서 〈나비야〉 노래를 부르며 공원의 나비를 관찰했더니 아이가 관심을 가지더라고요. 동기 유발이 된 셈이지요. 아이가 관심 가지기를 원하는 주제가 있다면 무작정 강요하기보다는 엄마가 먼저 적극적으로 관심을 보이는 편이 훨씬 수월합니다.

준비물 종이컵 2개, 모루, 스티로폼 공, 꾸미기 재료, 매직펜, 모형눈, 글루건(목공풀이나 스카치테이프 가능)

1 종이컵 두 개를 글루건으로 단단히 붙인다.

2 모루를 나비 날개 모양이 되도록 꼬아서 2개를 준비한다. 모루를 만질 때는 철사 끝부분에 손을 다치지 않도록 주의해야 한다.

3 모루로 만든 나비 날개를 글루건을 이용하여 종이컵에 붙인다.

4 스티로폼 공을 매직과 꾸미기 재료로 꾸며서 나비 얼굴을 만든다

TIP 스티로폼 공 색칠하기

스티로폼 공에 이쑤시개를 꽂고 색칠하면 손에 물감이 묻지 않아요. 넓은 쟁반에 물감을 짜놓고 스티로폼 공을 굴려서 색칠해도 괜찮아요.

응용

모루 도장 먼저 아이가 손에 잡기 쉽고 안전한 재활용품을 준비하세요. 그다음 모루로 다양한 모양을 만들어서 붙이면 멋진 모루 도장이 만들어집니다. 모루 도장 찍기 놀이는 2~3세 아이들까지 신나게 할 수 있는 놀이입니다.

일상 도구로 시작하는

수/조작 놀이

아이들이 한글보다 먼저 관심 보이는 게 숫자입니다. 노래도 부르고, 엄마랑 손가락 세어가면서 1부터 10까지 알게 되면 100까지는 쉽게 익히더라고요. 이렇게 숫자를 읽는 정도는 해줄 수 있지만, 연산으로 넘어가면 엄마가 해주기 어렵다고 생각하는 엄마들이 많아요. 방문 학습지를 시작하거나 시중에 파는 연산 학습지를 들이곤 하더라고요.

하지만 꼭 정해진 교구나 학습지가 있어야 하는 건 아니에요. 일상생활에서 사용하는 모든 물건이 아이에게 좋은 교구가 될 수 있습니다. 아이 그림이 그려진 스케치북에 칸칸이 숫자 길을 그려놓고 주사위를 준비하면 숫자 게임을 할 수 있고, 요구르트병에 숫자를 적어놓고 얇은 빨대를 숫자만큼 넣을 수 있게 해주면 손쉽게 엄마표 교구가 만들어져요. 비싼 교구를 들여놓고 아이가 망가뜨릴까 봐 혹은 내용물을 잃어버릴까 봐 못 쓰게 하는 것보다, 생활 속 재료로 짬을 내어 교구를 만들어주면 훨씬 더 많이 사용할 수 있습니다.

조작 놀이는 여러 가지 놀이 중에서도 아이들 소근육 발달을 가장 잘 돕는 놀이입니다. 또한, 조작 놀이만큼 집에서 쉽게 할 수 있는 놀이도 없는 것 같아요. 끈 끼우기, 단추 채우기, 숟가락 젓가락 사용하기, 가위 사용하기 등 일상생활에서 사용하는 다양한 도구를 경험하게 하는 것만으로도 충분합니다. 그런데, 아이들 발달 단계를 보면 대근육 발달이 잘 이루어져야 소근육이 잘 발달하더라고요. 소근육 놀이뿐만 아니라, 걷기, 달리기, 던지기, 계단 오르기, 장애물 넘기 같은 대근육 활동도 꾸준히 해야 합니다.

방법을 바꿔가며 반복해서 놀이한다

책에 있는 수 놀이는 한 번만 하고 그만하기보다는 여러 번을 다양하게 해보세요. 첫 게임을 할 때 주사위를 사용했다면, 그다음에는 가위바위보로 하기, 그다음에는 숟가락에 숫자를 적어서 뽑기 등으로 바꿔주면 즐겁게 반복할 수 있어요.

집에서 틈틈이 할 수 있는 환경을 만들어둔다

어린이집에서는 아이들이 자유롭게 조작 놀이를 할 수 있도록 교구장에 항상 놀이 도구들을 비치해두고 있어요. 집에서도 특별한 날 시간을 정해놓고 하기보다는, 일상생활에서 틈틈이 해볼 수 있도록 아이 손이 닿는 곳에 도구들을 준비해두세요.

패턴을 맞춰봐!

다음에 올 색은 무엇?

다음에 무슨 색이 올지 맞추는 놀이는 패턴 놀이를 처음 할 때 많이 해요. 단순하게 보여도 아이들은 이런 활동을 통해 대상 사이의 관계를 인식하고 일반화하여 추론하는 방법을 배운다고 합니다. 처음에는 제시한 패턴 카드를 보면서 규칙을 찾아볼 수 있게 해주세요. 숙련되면 패턴 카드 없이 엄마가 말하는 걸 잘 듣고 그다음에 어떤 색깔이 와야 하는지 맞추게 해주세요. 청각적 집중력까지 키울 수 있답니다.

준비물 뽕뽕이, 달걀판, 패턴 카드, 고리

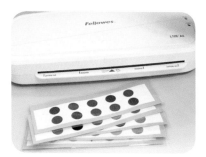

1 엄마표 패턴 카드를 만들어서 고리에 끼운다. 코팅하여 여러 번 쓸 수 있게 하면 좋다.

2 패턴 카드를 보면서 달걀판에 뿅뿅이를 채우며 규칙을 찾는다.

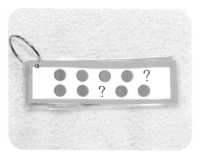

3 물음표가 있는 패턴 카드는 어떤 것이 들어가야 할지 유추하여 뿅뿅이를 채운다.

4 패턴 카드를 치우고 엄마가 불러주는 색깔 뿅뿅이를 채우며 다음 색을 맞춘다.

TIP 패턴 말 놀이를 해보세요

등·하원할 때나 따로 교구를 준비할 수 없을 때에는 말 놀이로 해보세요. "빨강-노랑-빨강-노랑-빨강-노랑, 다음은?" 처음에는 길게 말해주다가 "빨강-노랑-빨강, 다음은?" 하며 줄여주세요. 익숙해지면 "빨강-노랑-파랑-빨강-노랑, 다음은?" 하며 종류를 늘려보세요. 모양이나 사물로도 가능하겠지요?

응용

패턴 놀이 응용 뿅뿅이가 없다면 집에 있는 비누, 치약, 숟가락, 포크, 접시로도 패턴 놀이를 할 수 있어요. 아이들이 좋아하는 스티커로도 할 수 있고요. 아이가 좋아하는 스티커를 준비해서 "별-하트-별-하트…" 하며 엄마가 패턴을 불러주면 아이가 이후 패턴을 유추하여 스티커를 붙이면 된답니다.

깃발을 다 꽂은 사람이 승리~

누가 먼저 깃발을 다 꽂을까?

5세 아이들과 하기 좋은 숫자 놀이입니다. 시작하기 전에 주사위에 있는 점의 수를 아이와 함께 세어보고 규칙을 이야기해주세요. "주사위를 던져서 나온 숫자만큼 깃발을 꽂아서 먼저 다 꽂는 사람이 이기는 거야." 이쑤시개로 만든 깃발을 콕콕 꽂는 재미는 물론, 숫자 세기에 대한 경험을 늘리면서 수리력을 발달시켜줍니다. 주사위 2개를 굴려서 나온 수를 더하거나 빼기, 둘 중 크거나 작은 수를 찾아보는 활동으로 확장하면 더 재미있겠지요?

준비물 플라스틱 통 2개(일회용 포장 용기), 색종이, 주사위, 송곳, 가위, 글루건, 이쑤시개

1 이쑤시개보다 플라스틱 통이 높으면 통 안에 종이(또는 점토)를 넣는다.

2 송곳을 이용하여 플라스틱 통에 구멍을 뚫는다(약 15~20개 정도). 깃발을 먼저 다 꽂은 사람이 이기는 게임이므로 구멍은 똑같은 개수로 뚫어야 한다.

3 이쑤시개에 색종이를 붙여서 깃발을 만든다.

4 주사위를 굴려서 나온 수만큼 깃발을 꽂는다. 플라스틱 통에 깃발을 먼저 다 꽂은 사람이 이긴다.

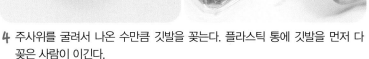

숫자 맞추어 꽂기 플라스틱 통에 구멍을 뚫어서 2부터 12까지 숫자를 적고, 깃발에도 똑같이 적어주세요. 주사위 2개를 던져서 나온 수를 더한 후, 그 숫자가 적혀있는 깃발을 같은 번호의 구멍에 꽂아주세요. 깃발을 다 꽂았다면 주사위에서 나온 숫자의 깃발을 빼는 놀이로 연결해도 좋아요. 나이가 어리면 주사위를 하나만 이용하여 1부터 6까지 꽂아보는 놀이로 변형합니다.

레고 아파트

레고 블록을
아파트처럼
놀이 쌓아보자!

이제 갓 숫자에 흥미를 보이는 아이들과 하기 좋은 놀이입니다. "우리 집에서 숫자를 한번 찾아볼까?" 놀이를 시작하기 전에 리모컨, 핸드폰, 시계 등등 집에 있는 사물에서 숫자를 찾아보세요. 그다음 레고 블록에 숫자 스티커를 붙인 후 엄마가 제시하는 숫자까지 숫자를 연결하며 레고 블록을 쌓는 놀이입니다. 반복해서 놀아주다 보면 세 자릿수까지도 금세 익힐 수 있답니다.

준비물 레고 블록, 숫자 스티커

1 레고 블록에 숫자 스티커를 붙인다. 숫자 개념을 익히는 아이라면 1부터 10까지 붙이고, 숫자 인식 수준에 따라 확장할 수 있다.

2 엄마가 말하는 숫자 블록을 찾아서 높이 들어 올린다. (숫자 매칭)

3 1부터 10까지 차례대로 블록을 높이 쌓는다. (숫자 연결)

4 자릿수를 바꾸거나 숫자 기차를 만들며 놀이를 반복한다.

TIP 높이를 비교해봐요

1부터 10까지의 숫자 블록을 2세트 준비하면 둘이서 하는 게임이 됩니다. 숫자가 보이지 않도록 세트별로 상자에 넣거나 숫자 부분을 뒤집어놓고 블록 2개를 뽑아주세요. 만약 '2'와 '8'이 나왔다면 2부터 8까지 블록을 쌓습니다. 이렇게 쌓은 블록 높이를 비교하여 높은 사람이 이기는 게임입니다.

응용

숫자 별자리

활동 전에 별자리에 대해 알아보고 아이의 별자리를 알려주면 매우 흥미로워할 거예요. 그런 다음 색도화지에 숫자 스티커를 자유롭게 붙여놓고 숫자를 순서대로 연결하면 나만의 별자리가 만들어집니다. 색연필이나 크레파스로 선을 그어도 좋지만, 반짝이 풀로 연결하면 더욱 그럴듯하게 완성된답니다.

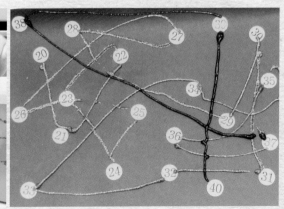

알쏭달쏭 시계 보기

시계바늘이
어느 숫자에 있어?

두 자릿수까지 개념이 잡혔다면 슬슬 시계 보는 법을 알려줄 때입니다. 먼저 집에 시침, 분침이 있는 시계를 탐색할 수 있게 해주세요. 그런 다음 엄마표 시계 교구를 만들어서 큰 바늘과 작은 바늘을 어떻게 읽어야 하는지를 알려주세요. "아침에 일어나는 시간은 7시 30분이야. 시를 가리키는 큰 바늘은 7, 분을 가리키는 작은 바늘은 6에 있어." 아이들은 시간 개념이 완전히 잡히지 않았기 때문에, 조급해하지 말고 천천히, 반복해야 합니다.

준비물 자석 칠판, 자석, 견출지, 매직, 검은 볼펜, 빨간 볼펜

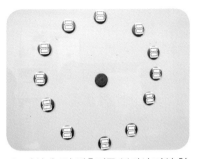

1 견출지에 '시'는 검은 볼펜으로, '분' 은 빨간 볼펜으로 구분하여 적는다. 아이가 직접 적으며 '분' 개념을 친숙 하게 하면 좋다.

2 자석에 1의 견출지를 붙여서 자석 칠 판에 시계 모양으로 붙여준다.

3 엄마가 시간을 불러주면, 아이가 시 곗바늘을 그린다. 반대로 엄마가 시 곗바늘을 그려서 아이가 시계를 읽 어보게 해도 된다.

응용

일회용 접시 시계 자석 칠판이 없는 경우, 일회용 접시로 시계를 만들어 보세요. 견출지에 시와 분을 적어서 일회용 접시에 붙여주세요. 종이에 긴 바 늘과 짧은 바늘을 그린 다음 오려서 일회용 접시 중앙에 할핀으로 꽂으면 시 계가 완성됩니다. 이제 시간을 맞추며 놀아주세요.

TIP 시계 교육은 틈틈이 해주세요

처음에는 시간 단위로 시계를 보는 연습을 하고, 다음엔 30분 단위, 그다음엔 10분, 5분까지 단계별로 해야 합니다. 아이와 약속할 때도 시계를 보며 해보세요. "잠깐만 텔레비전 보자." 하기보다는 "지금이 5시니까, 긴 바늘이 6으로 가는 5시 30분까지만 보자." 하고, "이제 잠잘 시간이야." 하기보다는 "벌써 저녁 9시가 되었네."라고 하며 아침과 저녁도 구분하여 말해주 세요. 아이들은 시간 개념이 확립되지 않았다는 것을 유념하며 느긋하게 해야 합니다.

빨래를 탁탁!

엄마랑 함께
빨래 널고 싶구나?

빨래를 널고 있으면 어린아이들도 관심을 보이면서 자기들도 하고 싶다고 엄마를 쳐다보곤 합니다. 그럴 땐 "그럼, 양말만 네가 널어봐." 하며 아이들의 도움을 받아보세요. 이런 분류 활동은 일상생활 속에서 수학적 개념을 학습하는 기회가 된답니다. 아이들이 좋아하는 빨래 널기를 게임으로도 할 수 있어요. 의복을 종류별로 분류해보고 빨래집게로 직접 널어보면서 즐겁게 할 수 있답니다.

준비물 잡지, 빨래집게, 주사위, 색종이, 견출지, 풀, 매직펜, 가위

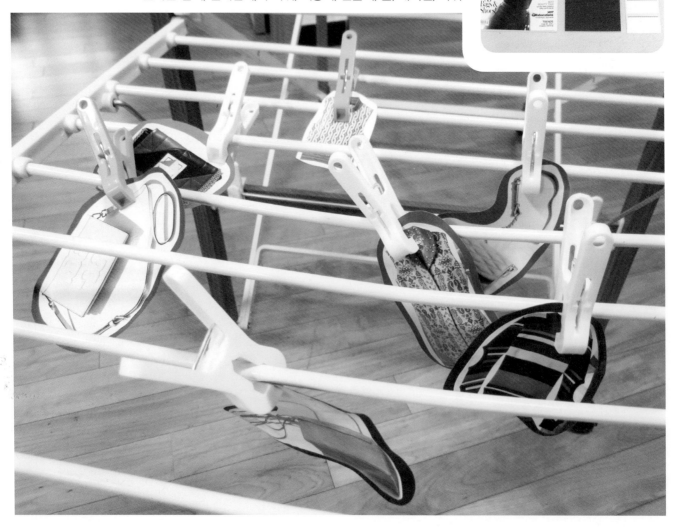

1 잡지에서 옷, 가방, 신발을 오린다. 아이가 직접 마음에 드는 것을 골라 오리면 좋다.

2 오려낸 종이를 색종이에 붙인 다음 외곽을 다시 오려준다.

3 주사위를 던져서 나온 수만큼 건조 대에 넌다.

4 견출지에 '옷', '신발', '가방' 등을 적 어서 건조대에 붙여놓고 분류 놀이 를 한다.

TIP 분류를 바꿔보세요

처음에는 분류 기준을 3~4개 정도로 해주세요. 아이가 능숙하게 한다면 같은 옷이라도 윗옷·아래옷, 속옷·겉옷·외투 등 다양한 각도로 분류해볼 수 있도록 합니다. 익숙해지 면 계절과 옷 종류를 결합하여 '여름–소품, 여름–겉옷, 겨울–소품, 겨울–겉옷…'처럼 분류 해볼 수 있겠지요.

응용

패션코디네이터 놀이를 시작하기 전에 패션코디네이터가 무 엇을 하는지 알려주세요. 분류 놀이에서 만들어놓은 옷과 소품을 골 라서 색도화지에 붙여보세요. "엄마가 출근할 때 어떻게 차려입고 갈까?" 등등 인물과 상황을 제시해주면 더욱 재미있게 할 수 있어 요. 잠들기 전에 다음 날 입을 옷을 아이 스스로 코디해보게 하는 것 도 좋아요. 아침 시간도 절약하고 생활 습관을 바로잡는 데도 도움 이 됩니다. 옷 투정을 하는 아이에게 특히 좋은 활동입니다.

정해진 곳에 주차하세요

같은 표시가 있는 곳에 주차해봐!

아이들은 탈것에 관심이 참 많아요. 특히 남자아이들은 자동차 장난감을 종류별로 가지고 있지요. 장난감을 꺼내어 자동차를 어디에서 볼 수 있을까 이야기하고, 그중 한 곳인 주차장에 대해 알아보세요. 그런 다음 주차장을 만들어서 주차 칸과 자동차에 스티커를 붙입니다. 모양, 색깔, 개수 등의 속성을 비교하면서 같은 표시가 있는 곳에 주차하는 활동으로, 사물 간의 공통점과 차이점을 지각하는 능력을 기를 수 있어요.

준비물 색도화지, 두꺼운 종이(박스 오린 것), 색종이, 스티커, 풀, 가위, 장난감 자동차

1 두꺼운 종이에 색도화지를 붙이고, 색종이를 띠 모양으로 붙여서 주차 선을 만든다.

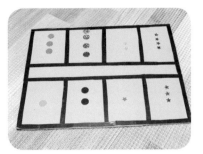

2 주차 칸에 모양 스티커를 붙인다. 이 때 칸마다 서로 구별되도록 모양과 색깔, 개수를 다르게 한다.

3 주차 칸과 짝을 이루도록 장난감 자 동차에도 모양 스티커를 붙여준다.

4 스티커 색깔과 모양, 개수가 같은 주차 칸에 자동차를 주차하며 논다.

응용

자동차 번호판 자동차마다 서로 다른 번호를 가지고 있다는 것 을 알려주세요. 아이와 함께 주차장에 가서 실제 자동차 번호판을 관찰해보면 더욱 좋겠지요. 이제 집에 있는 재료로 나만의 자동차 번호판을 만들어서 장난감 자동차에 붙여보세요. 위의 주차장 놀이 처럼 주차 칸과 자동차에 자동차 번호판을 붙여놓고, 번호가 같은 곳에 주차하는 놀이도 좋아요.

게임할 땐 점수판

몇 대 몇!

6세쯤 되면 아이들에게도 경쟁심이 본격적으로 생겨납니다. 규칙을 지키며 경쟁하는 과정에서 사회성이 자라날 수 있으니 경쟁이 나쁜 것만은 아니지요. 점수판을 활용하면 더욱 재미있게 할 수 있답니다. 게임 전에는 항상 승패가 중요하지 않음을 알려주고, 승리를 지나치게 치켜세우는 행동은 삼가야 합니다. 아이가 패배로 속상해한다면 "항상 이길 수는 없는 거야. 열심히 잘했으니까 괜찮아."라며 격려해주세요.

준비물 탁상 달력, 매직펜, 가위, 풀, A4용지

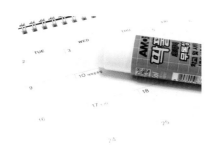

1 탁상 달력에 풀을 칠한 다음 A4용지를 크기에 맞게 붙인다.

2 1의 달력을 세로 방향으로 반을 자른다.

3 왼쪽과 오른쪽에 똑같이 0부터 12까지 차례대로 쓴다. 시작할 때 0점에서 시작할 수 있도록 0을 포함한다. 아이가 직접 쓰는 게 좋다.

4 여러 가지 재료로 점수판을 꾸민다.

TIP 점수판을 활용하세요

빨대 축구(p.88), 미니 농구 게임(p.108), 신문지 과녁 게임(p.126) 등 점수를 내는 게임에서 만들어둔 점수판을 활용할 수 있어요. 점수판이 있으면 게임이 더욱 흥미진진해지고, 점수를 잘못 계산하여 다투거나 속상해하는 일이 줄어든답니다.

응용

숫자 읽기 교구

점수판과 같은 방법으로 달력을 준비해주세요. 숫자 읽기 교구는 한쪽에 숫자를 적고, 반대쪽에 한글음을 적으면 됩니다. 두 자릿수 이상 읽기가 아직 서투른 6세 이상 아이들에게 숫자를 알려줄 때 사용하기 좋은 엄마표 교구입니다.

왼쪽? 오른쪽?

네가 밥 먹는 손이 오른손이야.

시계 보는 것만큼 아이들이 어려워하는 게 왼쪽, 오른쪽 구분입니다. "이쪽이 오른쪽 맞아요?"라며 종종 묻곤 하지요. 평소에 위치를 말할 때 "여기, 저기" 하기보다는 "소파 왼쪽에 있는 책, 의자 오른쪽에 있는 가방"과 같이 방향을 정확히 말해주세요. 신발을 신을 때도 "오른발, 왼발" 하며 꾸준히 알려주는 게 좋습니다. 이렇게 생활 속에서 알려주는 것과 함께 방향 놀이 교구도 만들어보세요. 즐겁고 쉽게 방향을 깨우칠 수 있답니다.

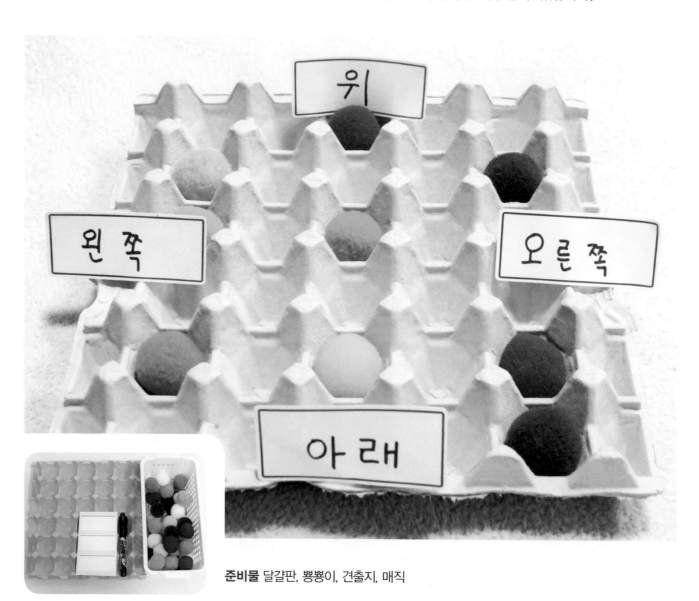

준비물 달걀판, 뽕뽕이, 견출지, 매직

1 견출지에 "위, 아래, 왼쪽, 오른쪽"을 적는다.

2 달걀판에 견출지를 방향에 맞게 붙인다.

3 뽕뽕이 한 개를 달걀판에 넣는다.

4 엄마가 "위로 2칸, 왼쪽으로 2칸"과 같이 움직이는 방향을 불러주면 아이가 **뽕뽕이**를 이동시킨다.

응용

알록달록 달걀 달걀판에 알록달록한 뽕뽕이를 모두 채워주세요. 오른쪽 모서리를 시작점으로 정해두고 이동하면서 뽕뽕이를 빼내는 놀이입니다. 엄마가 "왼쪽으로 세 칸 가면 무슨 색이 나올까?" 하면 아이가 "검은색"이라고 답하면서 색상 인지 놀이도 함께 경험할 수 있어요. 엄마가 "하늘색을 찾아가려면 어떻게 하지?"라고 묻고, 아이가 "위로 한 칸 가서, 왼쪽으로 두 칸" 답하는 식으로 다양하게 변형할 수 있겠지요?

물건 속 숫자의 비밀을 밝혀라!

과자 상자에 있는
숫자는 어떤 의미일까?

6세 정도의 아이들은 먹고 싶은 과자를 직접 장바구니에 가져다 담는 등, 경제 활동에 간접적으로 참여하게 됩니다. 숫자를 다 깨쳤고 물건 구매에 관여하게 되면 경제 교육이 필요한 때입니다. 교육이라면 비싼 교구를 먼저 떠올리게 되는데, 일상생활에서 사용하는 물건이 아이에게는 가장 좋은 교구예요. "가격을 찾아볼래?", "유통기한은 무엇일까?", "유통기한이 어떻게 적혀있는지 볼까?" 하며 아이와 함께 과자 상자를 관찰해보세요.

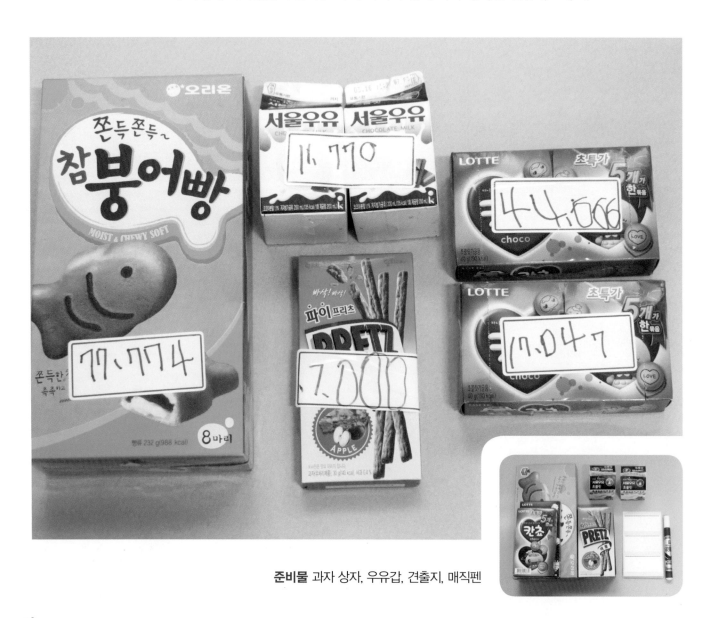

준비물 과자 상자, 우유갑, 견출지, 매직펜

1 우유갑이나 과자 상자에서 유통기한을 찾아보고 유통기한의 의미에 대해 알아본다.

2 마찬가지로 바코드를 찾아본다. 마트에서 계산할 때 사용되는 것임을 알려준다.

3 견출지에 물건값을 적는다. 아이 스스로 값을 정하도록 하며, 엉뚱한 숫자를 쓰더라도 제지하지 않는다.

4 상자에 물건값을 적은 견출지를 붙여놓고 가게놀이를 한다.

응용

내가 정한 유통기한 "오늘이 5월 10일이야. 이 우유를 언제까지 팔 수 있을지 정해볼까?" 아이가 달력을 직접 보면서 식품의 유통기한을 정해서 적어보는 거예요. 그런 다음 아이가 정한 유통기한과 오늘 날짜를 비교해보며 유통기한이 지났는지, 며칠이 남았는지도 확인해보세요. 놀이를 통해 시간 개념도 친숙해지고 년, 월, 일, 요일에 대해 알려주기도 좋고 작년, 올해, 내년이라는 개념도 아이에게 알려줄 수 있어요.

TIP 식품 속 날짜 표기에 대해 알아봐요

식품 포장 용기를 살펴보면 날짜 표기하는 방법이 다양해요. 제품을 만든 날짜인 제조일자부터 제품이 판매될 수 있는 기한인 유통기한, 제품을 먹을 수 있는 기한인 품질유지기한을 포장 용기에서 찾아보세요.

1부터 100까지 숫자 지우기

100까지 세어볼게,
잘 들어봐

가로세로 10칸씩 100칸에 1부터 100까지 숫자를 채우되 군데군데 비운 활동지를 활동 전에 만들어주세요. 이제 아이에게 숫자를 반복해서 읽어주거나 아이 스스로 숫자를 읽어보는 시간을 가집니다. 미리 만들어둔 활동지를 꺼내어 아이가 빈칸에 숫자를 채우고 지우며 놀아주세요. 아이가 어리다면 1부터 10까지 숫자 중에서 엄마가 불러주는 숫자를 지우는 놀이로 하다가, 점점 숫자를 늘리면 됩니다.

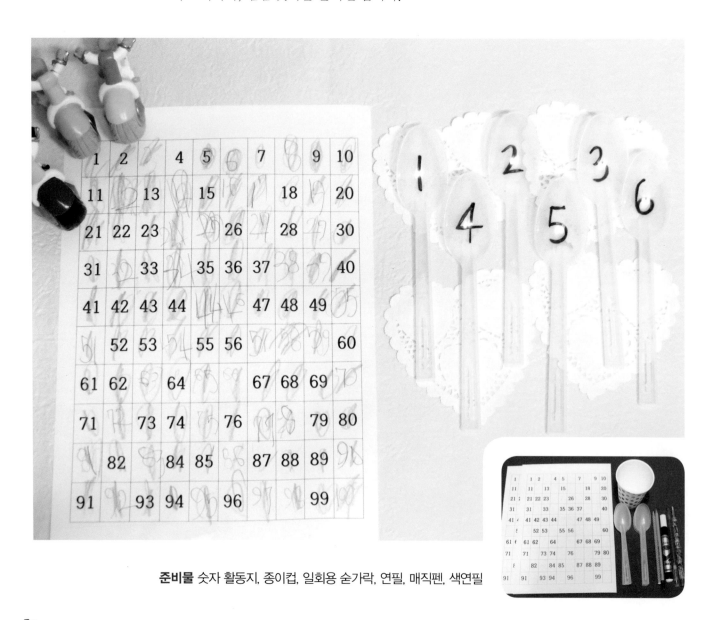

준비물 숫자 활동지, 종이컵, 일회용 숟가락, 연필, 매직펜, 색연필

1 숫자 벽보를 보며 숫자를 읽어본다. 숫자 벽보가 없으면 엄마표로 만들면 된다.

2 미리 만들어둔 숫자 활동지에 빈칸을 채운다. 아이가 도움을 요청할 때만 돕는다.

3 일회용 숟가락에 1부터 6까지 숫자를 적는다.

4 숟가락 머리가 아래로 향하게 종이컵에 넣고 숟가락을 하나 뽑는다.

5 뽑혀서 나온 수 만큼 활동지에서 칸을 지운다. 게임을 할 때는 먼저 100칸을 다 지운 사람이 이긴다

응용

숟가락 덧셈 놀이 앞에서 만들어둔 숟가락을 활용하는 놀이입니다. 숫자를 채울 수 있도록 숫자 없이 수식만 적은 활동지를 준비해주세요. 숟가락을 두 개 뽑아서 나온 수를 동그라미 안에 적고 덧셈을 해보는 거예요. 덧셈이 익숙해졌다면 큰 수에서 작은 수를 빼는 식으로 응용해도 좋습니다. 유아 수학은 따로 학습지나 문제집을 준비하지 않아도 엄마표만으로 즐겁게 할 수 있어요.

종류별로 모아라!

비슷한 것들끼리
모아보자.

분류 놀이는 특별한 교구 없이도 할 수 있는 놀이입니다. 아이의 장난감을 종류별로 분류하여 정리하게 하거나 재활용품을 분류하여 버릴 때 아이의 도움을 받아도 되지요. 단어 배울 때 사용한 그림 카드가 있다면 상자와 지퍼백으로 간단히 엄마표 교구를 만들어보세요. 사물을 일정한 규칙에 따라 분류하는 것을 '범주화'라고 하는데, 사물의 같은 점과 다른 점을 생각하면서 논리적 사고가 자라난답니다.

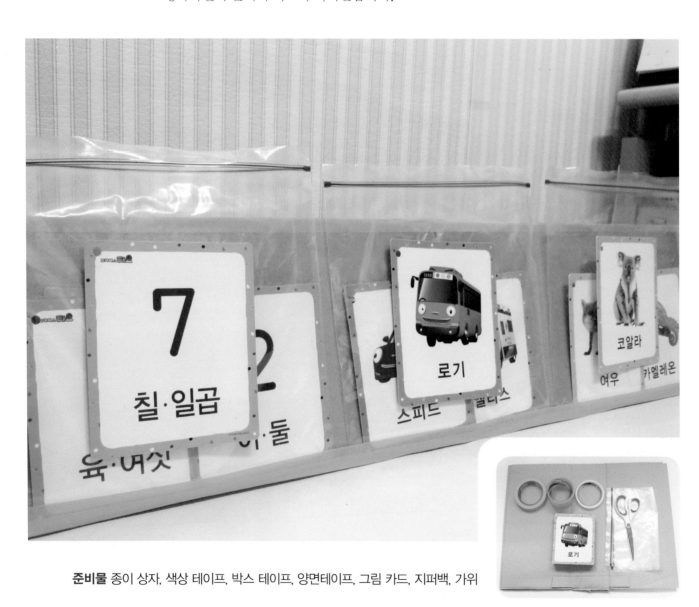

준비물 종이 상자, 색상 테이프, 박스 테이프, 양면테이프, 그림 카드, 지퍼백, 가위

1 종이 상자를 펼쳐서 삼각대 모양으로 붙인다.

2 가장자리를 색상 테이프로 감싼다.

3 삼각대에 양면테이프를 붙인 다음 지퍼백을 붙인다.

4 주제별 그림 카드 한 장을 지퍼백 앞에 붙인다.

5 그림 카드를 보면서 같은 주제끼리 분류한다.

응용

탁구공 분류하기 달걀판에 주제명을 붙여주세요. 탁구공에 주제와 관련된 단어를 붙여서 상자에 모두 넣어주세요. 아이가 눈을 감고 탁구공을 뽑아서 주제별로 분류하여 달걀판에 놓는 놀이입니다. 6세 이상 아이들과 활동할 때는 탁구공에 쓰인 글자가 보이지 않게 꺼낸 다음, 그 단어를 다른 사람에게 설명하는 스피드 퀴즈로 변형해보세요.

아빠에게 전화해요

엄마 아빠
전화번호를
꼭 기억해둠!

아이들이 한창 호기심이 왕성할 때는 신기한 것을 보면 엄마 손도 뿌리치고 달려가곤 하지요. 아이들은 눈 깜짝할 새 사라진다고 하니, 미리미리 미아 방지 교육을 해야 합니다. 숫자 개념이 자리잡히는 6세 정도부터 엄마 아빠 전화번호와 집 주소를 알려주세요. 낯선 상황에서도 당황하지 않고 주변에 도움을 청할 수 있도록 놀이를 하면서 전화번호와 주소를 자연스럽게 외우도록 합니다.

준비물 투명 사각 케이스, 견출지, 숫자 스티커, 뽕뽕이, 목공풀, 연필, 모형눈

74

1 투명 사각 케이스 안에 뽕뽕이를 넣는다. 투명 케이스가 없다면 작은 상자로 대체한다.

2 견출지에 엄마, 아빠 전화번호를 적어서 케이스에 붙인다.

3 모형눈에 숫자 스티커를 붙인 다음 목공풀을 이용하여 케이스에 붙인다.

4 견출지의 전화번호를 보며 번호를 눌러본다. 번호를 다 외우면 견출지를 없앤다.

응용

신기한 무전기 아이들에게 무전기는 핸드폰과는 또 다른 신기한 물건입니다. 시중에 장난감 무전기도 많지만, 재활용품으로도 간단히 만들 수 있어요. 먼저 무전기가 어떻게 통신이 되는지 알려준 후 무전기 놀이를 해보세요. 아이가 "139번 엄마 나와라. 오바!" 하면, 조금 멀리 떨어진 곳에서 "139번 엄마 나왔다. 오바!" 하면서 서로 이야기를 나누면 된답니다.

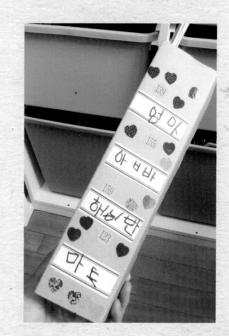

TIP 무전기에 대해 알아봐요

군사용이나 선박용 등의 특수 목적이 아닌 민간용 무전기는 대개 단거리에서만 통신할 수 있어요. 초창기 핸드폰처럼 안테나가 밖으로 돌출된 모양인데, 전화번호를 누르지 않는 대신 라디오처럼 주파수를 맞추어야 해요. 말을 하려면 음성을 내보내는 단추를 눌러야 하고, 단추를 누르지 않으면 들을 수만 있습니다. 동시에 말할 수 없는 것도 특징이지요. "이 단추를 누르면서 말해야 엄마가 들을 수 있어."라고 실제 무전기를 사용하는 방법을 아이에게 알려주고 무전기 놀이를 해보세요.

구멍이 뿅뿅!

펀치로 직접
구멍을 뚫어볼래?

아이가 가위질하다가 손을 다칠까 봐, 혹은 아이가 가위질한 결과물이 만족스럽지 않다는 이유로 엄마가 가위질을 도맡아 하는 경우가 간혹 있어요. 하지만 아이가 직접 도구를 다루면서 소근육과 협응력이 발달하고 성취감도 얻게 되는 기회를 뺏는 것이랍니다. 집에 있는 펀치, 테이프 커터기, 스테이플러 등도 위험하다고 숨겨두지 말고, 아이가 안전하게 사용할 수 있도록 지도해주세요.

준비물 펀치, 칼, 휴지심, 목공풀, 스티로폼 공, 빵끈, 꾸미기 재료

1 펀치를 탐색하고, 다양한 종이를 뚫으며 사용법을 익힌다.

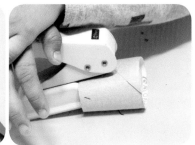

2 휴지심을 반으로 자른 다음 양쪽 끝에 펀치로 구멍을 낸다.

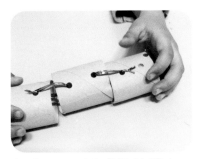

3 빵끈으로 2의 휴지심을 연결한다.

4 꾸미기 재료를 이용해 애벌레를 만든다.

응용

오징어 다리 종이 상자를 오징어 모양으로 오린 후, 아래쪽을 펀치로 뚫어주세요. 여러 가지 끈을 구멍에 넣어 묶어주면 오징어 다리가 만들어집니다. 펀치 뚫기는 물론이고 끈 묶기까지 해볼 수 있어서 조작 놀이로도 좋고, 재미 측면에서도 뒤지지 않아요. 아이가 재미있어한다면 해님도 만들어보세요. 상자를 동그랗게 오리고 외곽을 펀치로 뚫은 후, 구멍에 모루를 묶으면 해님이 완성된답니다.

부등호와 친해지기

수 개념과 연산은 놀이를 통해 친숙해져야 엄마랑 아이가 힘들지 않아요. 학습지를 하다가 막히면 엄마가 답답해지고 아이와 티격태격할 수밖에 없거든요. 수의 크기를 비교하면서 부등호 기호를 바로 알려주기보다는 부등호에 이야기를 붙여보세요. "먹보는 항상 많이 있는 쪽을 보며 입을 크게 벌린대!", "양쪽이 사이좋게 같은 숫자이면 손잡고 놀 수 있게 막대기를 주자!"라고 이야기하면 아이들이 기호를 재미있게 받아들일 수 있어요.

먹보는 많은 쪽으로 입을 벌린대!

준비물 가위, 모루, 종이 상자, 글루건, 종이컵, 연필

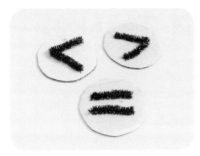

1 종이 상자를 동그라미 모양으로 오린 다음, 모루로 부등호 표시를 만들어서 글루건으로 붙인다.

2 아이는 눈을 꼭 감고 있고, 엄마가 물건을 양쪽으로 갈라놓는다.

3 물건이 더 많은 쪽에 손에 올려놓게 한다.

4 부등호 기호를 골라서 가운데 놓는다. 먼저 부등호의 의미를 이야기로 쉽게 알려줘야 한다.

피자 조각 놀이

종이 상자를 동그랗게 오려서 매직펜으로 피자처럼 8등분 선을 그려주세요. 색칠도 하고 집에 있는 꾸미기 재료를 이용해 꾸며주세요. 선을 따라 오릴 때, 등분 개념을 이야기하며 자연스럽게 익히도록 합니다. 예를 들어 "피자를 둘이서 먹으려면 가운데를 오려야 같은 크기로 나눌 수 있어. 이게 2등분이야.", "여기서 다시 반씩 오리면 4등분이야. 같은 크기의 조각이 4개가 생기지?"

TIP 사이좋게 나눠보도록 해요

분수는 나눗셈보다는 조금 더 어려워서 초등학생 아이들도 많이 어려워해요. 취학 전 아이들에게는 분수의 개념을 바로 알려주기보다는 "피자 8조각을 우리 가족 넷이서 똑같이 나눠 먹으려면 몇 조각씩 먹어야 할까?" 하는 식으로 나누기 놀이로 접근해주세요. 이렇게 꾸준히 수 놀이를 하다 보면, 분수 개념도 어렵지 않게 배울 수 있어요.

검은콩 이사 대작전

> 콩을 다른 집으로
> 옮겨주자.

도구를 이용하여 작은 물건을 옮기는 놀이는 쉽게 할 수 있으면서도 아이들 소근육, 협응력, 집중력 발달에 좋아요. 처음에는 크기가 큰 뿅뿅이를 옮겨보게 하고, 점차 콩, 쌀로 크기를 줄여주세요. 도구도 마찬가지로 어른 숟가락에서 시작해서 아이 숟가락, 찻숟가락, 젓가락 등으로 바꿔주고, 담는 그릇 크기도 점차 줄여주면 좋아요. 반복해서 하다 보면 숟가락질과 젓가락질도 능숙해지고, 손동작이 야무져집니다.

준비물 콩, 국자, 숟가락, 젓가락, 종이컵

1 컵에 담긴 콩을 다른 컵에 부어서 옮긴다.

2 국자로 콩을 떠서 옮긴다.

3 숟가락으로 콩을 떠서 옮긴다.

4 젓가락으로 콩을 집어서 옮긴다.

응용

물 옮기기 물을 옮기며 액체의 특성을 탐색하는 활동입니다. 물을 채운 대야와 빈 대야를 놓고 아이에게 물을 옮길 수 있는 도구를 생각해서 가져오라고 합니다. 아이가 생각해내지 못한 도구를 제안해봐도 좋아요. "젓가락으로 옮길 수 있을까?", "엄마는 수건에 물을 적셔서 짤 거야."라고요. 방이나 거실에서 하기 부담스럽다면 욕실 세면대에 물을 가득 담아놓고 아래에 있는 대야로 옮기면 치우는 부담 없이 활동할 수 있습니다.

TIP 물의 특징에 대해 알아봐요

물은 고체와 달리 흐르는 특징을 가지고 있어요. 이 때문에 물이 흐르지 않도록 한쪽이 막혀 있어야 물을 담을 수 있습니다. 하지만 수건에 물을 적시는 경우처럼 그릇 형태가 아니라도 물을 옮길 수 있어요. 섬유 조직 사이사이를 물로 채울 수 있기 때문입니다. 다양한 크기, 재질의 도구를 이용하여 물을 옮겨보며, 도구에 따른 차이를 아이가 경험해볼 수 있도록 해주세요.

어이쿠! 무겁다 무거워!

장난감 중에서
제일 무거운 물건은
뭘까?

먼저 물건을 눈으로 보면서 어떤 게 무거울지 어림짐작해보게 해주세요. 아이들은 대개 부피가 크면 더 무겁다고 생각한답니다. 이제 아이 양손에 물건을 하나씩 올려놓고 더 무겁다고 느낀 쪽을 아래로 내리게 해보세요. 측정 도구를 이용하지 않고 무게를 비교하며 무게 개념에 친숙해질 수 있게 합니다. 그런 다음 저울로 무게를 재보면서 무게 측정 단위를 경험할 수 있도록 해주세요. 물건 여러 개의 무게를 재어 무게 순서대로 나열해봐도 좋습니다.

준비물 종이류, 저울, 매직펜, 다양한 물건

1 양손에 물건 하나씩 들고 무겁다고 느낀 손을 아래로 내린다.

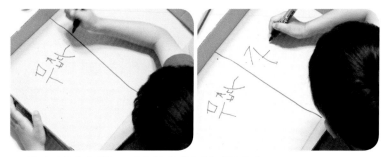

2 종이 가운데에 선을 그어서 '무겁다', '가볍다'를 쓴다.

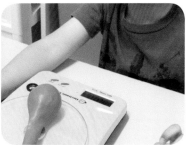

3 물건을 두 개씩 짝지어 저울로 무게를 비교한다.

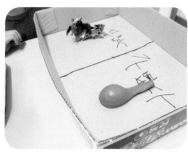

4 2에 구분하여 넣는다. 무거운 것, 가벼운 것끼리 다시 비교하여 가장 무거운 것, 가장 가벼운 것을 찾아도 된다.

응용

무엇이 뜰까? 아이를 목욕시키기 전에 여러 가지 물건을 준비해 놓으세요. 아이에게 물건을 보여주며 "어떤 것이 가라앉고 어떤 것이 물 위에 뜰까?" 물어보세요. 대답을 듣고 난 후 아이가 직접 물건을 넣어보며 놀이를 시작합니다. 눈으로 짐작한 것과 직접 실험해본 결과를 비교하며, 물에 뜨는 물건과 가라앉는 물건의 특징에 관심을 가지도록 해주세요. 물에 뜰 것 같은 물건을 아이에게 찾아오도록 해도 좋아요.

사진으로 만든 퍼즐

오늘은 사진으로
퍼즐을 만들어보자.

퍼즐은 주로 캐릭터로 된 것을 사서 하지요? 아이들은 자신의 사진으로 만든 퍼즐도 너무나 좋아합니다. 처음에는 조각 수를 3~4개 정도로 시작해보세요. 시중의 판 퍼즐만 하다가 종이 퍼즐을 하게 되면 어렵게 느낄 수 있습니다. 6세 이상이라면 사진 뒤에 직접 퍼즐 모양을 그리게 한 다음 오려서 다시 맞추면 됩니다. 퍼즐 놀이를 하면 부분과 전체에 대해 알 수 있고, 공간 지각 능력 및 공간 구성 능력, 집중력 발달에 도움이 됩니다.

준비물 사진, 풀, 가위, 색도화지

84

1 출력해놓은 사진을 보면서 당시에 대해 이야기 나눈다.

2 사진을 오린다. 아이 나이에 따라 조각수를 조절하도록 한다.

3 사진 조각을 맞춰본다.

4 색도화지에 사진 조각을 붙여서 전체를 완성한다.

TIP 명화 퍼즐도 직접 만들어보세요

7세 이상 아이들은 명화로 퍼즐을 만들어서 놀아도 좋아요. 퍼즐을 맞추면서 자연스럽게 명화를 감상할 수 있어서 감수성 발달에도 도움이 된답니다. 처음에는 간단한 모양으로 활동하다가 점차 모양을 복잡하고, 다양하게 해주세요. 퍼즐을 완성하는 과정에서 성취감을 느낄 수 있습니다.

응용

우유갑 입체 퍼즐 우유갑을 이용하면 입체 퍼즐을 만들 수 있어요. 우유갑의 세모난 입구 부분은 접어서 네모로 만든 후, 사진을 오려서 붙이면 됩니다. 처음에는 우유갑 2개로 하다가 우유갑 개수를 늘려주세요. 사진을 여러 장 준비하여 우유갑 각 면에 붙이면 여러 개의 퍼즐을 동시에 즐길 수 있답니다.

또르르~ 구슬이 굴러갑니다

경사면을 만들어놓고 구슬을 굴려보는 활동입니다. 장애물이 있을 때와 없을 때의 차이점을 알 수 있고, 경사면의 각도에 따라 구슬 내려가는 속도가 어떻게 다른지도 실험해볼 수 있어요. 이런 교육적인 효과를 굳이 생각하지 않더라도 아이들이 즐겁게 할 수 있는 놀이랍니다. 준비물은 간단한데, 음료수 뚜껑을 모으는 데 시간이 좀 걸려요. 깜빡하고 버리지 않도록 재활용품 모으는 곳 옆에 따로 통을 마련해두세요.

누가 먼저
내려가는지 볼까?
준비 시작!

준비물 종이 상자 2개, 음료수 뚜껑, 구슬, 테이프, 글루건

1 상자 하나는 모양 그대로 놓고, 다른 하나는 펼쳐서 구슬이 내려갈 수 있도록 경사면을 만들어 붙인다.

2 경사면 각도에 따라 구슬이 내려가는 속도가 달라지는지 비교한다. 초시계를 이용하면 좋다.

3 모아놓은 음료수 뚜껑을 글루건을 이용하여 경사면에 붙인다.

4 구슬을 다시 굴리며 장애물이 없을 때와의 차이를 비교해본다.

TIP 경사면 실험을 다양하게

상자 여러 개를 준비해서 사포, 수세미, 수건, 부드러운 천, 비닐 등을 각각 붙여놓고 구슬이 어느 곳에서 더 빨리 내려오는지도 실험해보세요. 재질에 따라 마찰력이 달라서 내려오는 속도가 달라지는 것을 비교해볼 수 있어요. 6세 이상 아이들과 하면 좋아요.

응용

고무줄 구성하기 위에서 음료수 뚜껑을 붙인 상자를 바닥에 평평하게 놓아주세요. 고무줄, 모루, 빵끈 등 끈 종류를 준비합니다. 뚜껑끼리 끈을 연결해 다양한 그림이 나타나도록 하고, 무엇이 연상되는지 아이들과 이야기해보세요. 끈을 연결한 상태에서 경사로 다시 놓고 구슬을 굴려봐도 좋아요. 이전과는 또 다른 움직임이 만들어진답니다.

빨대 축구

후후~
세게 불어서
공을 넣어봐!

빨대로 바람을 불어서 축구를 해보세요. 축구를 색다르게 할 수 있어서 아이들이 좋아해요.
게다가 심폐 기능도 좋아진답니다. 상자나 바구니, 책으로 경기장 테두리를 만들면 세상에
서 가장 작은 축구장 완성! 손으로 구슬을 잡으면 안 된다는 간단한 규칙으로 시작하고, 차
차 아이들이 직접 규칙을 세울 수 있도록 해주세요. 바람을 어떻게 부느냐에 따라 구슬의
방향과 속도가 바뀐다는 것을 놀이로 자연스럽게 알게 됩니다.

준비물 종이 상자, 빨대, 구슬, 물감, 붓, 초록색 색도화지, 흰 종이, 우드락, 칼, 글루건

1 높이가 낮은 종이 상자를 아크릴 물감으로 색칠한 후 바닥에 초록색 색도화지를 깐다.

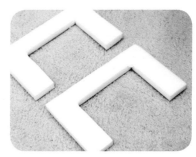

2 우드락을 'ㄷ'자 모양으로 잘라서 골대를 만든다. 우드락이 없으면 상자로 해도 된다.

3 흰 종이로 축구장 중앙선을 만들고, 2에서 만든 골대를 붙인다.

4 게임을 하기 전 규칙을 정한다. 정정당당한 게임을 약속하고 악수한 후 게임을 시작한다.

5 빨대 바람으로 구슬을 움직여서 골대에 넣는다.

응용

미니 월드컵 월드컵에 대해 먼저 아이에게 설명해주세요. 그런 다음 국기 카드를 축구장에 붙여서 월드컵 놀이를 합니다. "시간을 정해놓고 경기를 해서 점수 많은 쪽이 이기기로 할까?", "먼저 10점을 넣는 쪽이 이기기로 할까?" 등등 아이들이 게임 규칙을 정할 수 있도록 도와주세요. 탁상 달력으로 점수판을 만들어 활용하면 더욱더 재밌는 놀이가 됩니다.

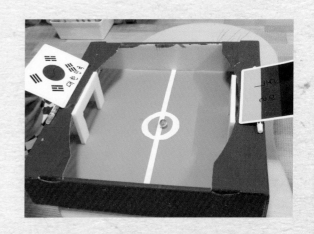

몸과 마음이 즐거워지는

신체 놀이

몸으로 놀아달라고 하면 아이를 높이 던져서 받거나, 다리에 아이를 올려놓고 비행기 몇 번 태워주고 아이와 놀아줬다고 생각하는 아빠들 많지요? 미술 놀이나 한글 놀이처럼 정적인 놀이는 엄마가 해주고, 동적인 놀이는 아빠 몫이라고 생각하는 엄마들도 많고요. 바빠서 놀아줄 시간이 없다, 신체 놀이는 어렵다고 하는 엄마, 아빠들을 위해 실내에서 쉽게 할 수 있는 놀이를 모아봤어요.

처음에는 익숙지 않아서 허둥지둥할 수도 있고, 생각보다 활동이 빨리 끝나버리기도 해요. 짧은 시간이라도 꾸준히 놀아주다 보면 우리 아이가 어떤 놀이를 좋아하고, 어떻게 놀아주면 좋아하는지 알게 됩니다. 아이도 점점 더 적극적으로 활동하게 되면서, 자연히 활동 시간도 길어집니다. 이렇게 엄마, 아빠와 친밀감을 쌓은 아이는, 다른 사람들과도 잘 어울릴 수 있습니다. 발달 과정은 서로 다 연관되어있으니까요.

엄마, 아빠가 모두 신체 놀이를 해준다

같은 놀이를 해도 엄마랑 놀이할 때와 아빠랑 놀이할 때가 다르기 때문에, 엄마, 아빠 모두 신체 놀이를 해주는 게 좋아요. 거칠게 노는 아들에게는 엄마가 차분하게, 아이의 눈높이에 맞추어 놀이 규칙을 설명해줄 수 있어요. 아빠는 아빠대로, 신체 놀이를 좀 더 유연하게 허용하고 확장해주기도 하고요.

위험한 물건은 치워둔다

활동 시작 전에 아이랑 신체 놀이를 하는 장소에 위험한 물건은 없는지, 조심해야 하는 물건이 있는지 꼭 확인해 주세요. 즐겁게 활동하다가 "그쪽은 조심해야지.", "안 돼. 하지 마!"라는 소리를 듣게 되면, 즐거웠던 아이의 마음이 짜증으로 변해버릴 수 있습니다.

다른 방향으로 흘러도 막지 않는다

엄마가 준비한 것과는 전혀 다른 방향으로 놀이가 흘러갈 때가 있어요. 저 역시도 계획대로 못 할 때가 더 많아요. 그럴 때는 억지로 끌고 가지 말고, 일단 아이들 놀이에 따라가 주세요. 아이가 원하는 대로 충분히 활동하게 한 다음, "엄마가 뭘 준비했는데 같이 해볼래?" 물어서 관심을 보일 때, 그때 시작해도 늦지 않아요.

펄~펄~ 눈이 옵니다

하늘에서
눈이 내려온다!

아이들도 알게 모르게 기관이나 집에서 스트레스를 많이 받고 있습니다. 어른들도 한 번씩 스트레스를 풀어야 하는 것처럼 아이들에게도 그런 시간이 꼭 필요해요. 신체 놀이가 스트레스 푸는 최고의 방법입니다. 아이들이 하원하기 전에 미리 종이를 길게 잘라서 거실에 깔아놓고, 아이들이 집에 들어섰을 때 "우리 집 거실에 눈이 가득 쌓였네~" 하며 놀이를 시작해보세요. 치울 걱정은 안 하셔도 돼요. 치우는 것도 또 하나의 놀이가 될 수 있답니다.

준비물 종이(신문, 잡지류), 가위, 위생 비닐

1 종이를 길게 잘라 넓은 곳에 깔아놓는다. 아이가 종이를 자르거나 찢어도 괜찮다.

2 종이를 들고 높은 곳에 올라가 던지며 논다.

3 아이들을 바닥에 앉게 하고 엄마가 위에서 종이를 뿌려준다. 하늘에서 무엇이 내리는지 상상해보도록 한다. (낙엽, 꽃잎, 눈, 비 등등)

4 종이를 위생 비닐에 동그랗게 넣어서 공놀이한다. 청소까지 한 번에 해결할 수 있다. 종이를 손으로 동그랗게 뭉쳐서 눈싸움을 해도 된다. 단, 아이가 어리면 아플 수 있으니 휴지로 대체한다.

응용

종이 커튼 길게 자른 종이를 식탁에 빙 둘러서 붙이고 식탁 밑에서 아이들이 놀 수 있게 해주세요. 기어 다니기 시작하는 아이, 호기심 많은 아이, 자기만의 공간을 만들고 싶어하는 아이들에게 좋은 활동입니다. 자동차를 타고 왔다 갔다 하면서 세차장놀이도 할 수 있어요.

슛! 골인이에요~

집에서도
공놀이할 수 있어!

날씨는 안 좋은데, 아이들이 바깥 놀이를 하고 싶어서 좀이 쑤셔한다면 집에서 공놀이를 해주세요. 공놀이는 우리 아이들 대근육과 순발력 발달에 너무나 좋은 활동이니까요. 어른들이 사용하는 딱딱한 축구공보다는 아이들 안전을 위해 말랑말랑한 재질의 유아용 축구공이나 헝겊공을 사용해주세요. 참! 아파트에서는 층간 소음이 발생하니 공을 드리블하면서 달리지 않도록 주의시켜야 합니다.

준비물 종이 상자, 테이프, 공

1 종이 상자를 방문에 붙여서 골대를 만든다.

2 골대를 왔다 갔다 하면서 몸을 푼다.

3 둘이 마주 보고 앉아서 공을 주고받으며 연습한다.

4 한 명은 골키퍼, 한 명은 공격수가 되어 축구 놀이를 한다.

응용

공 전달하기

온 가족이 모여 한 줄로 서주세요. 앞사람이 뒷사람에게 다리 사이로 공을 전달하는 단순한 놀이인데도, 아이들이 깔깔대며 신나게 활동합니다. 공을 전달한 사람은 다시 제일 뒤로 가서 줄을 서는 식으로 정해진 선에 도착할 때까지 계속해주세요. 규칙을 지키고 협력하면서 하는 놀이로 운동 능력뿐 아니라 협동심까지 길러줍니다.

그대로 멈춰라

이제부터 우리는
따라쟁이가 될 거야~

〈그대로 멈춰라〉 노래는 영유아 모두 다 알고 있어서 놀이 음악으로 사용하기 좋아요. 노래에 맞춰 춤추고 노는 것도 재밌지만, 더 재밌게 활동하기 위해 잡지 사진을 활용해보세요. 재미있는 사진을 볼 때마다 따로 스크랩해두시고, 잡지가 없다면 아이들 사진을 크게 출력하면 됩니다. "즐겁게 춤을 추다가 그대로 멈춰라~♬" 춤을 추다가 멈출 때, 사진 속의 자세를 보고 몸으로 표현해보는 것입니다.

준비물 잡지, 가위, 풀, 색도화지

1 잡지에서 자세가 재미있는 사진을 오려 색도화지에 붙인다.

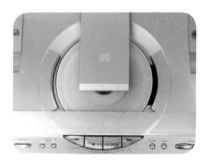

2 〈그대로 멈춰라〉 노래를 틀어놓거나 엄마가 불러준다.

3 음악에 맞춰 신나게 춤을 춘다.

4 "그대로 멈춰라~" 구절에서 1의 사진을 보여주면, 아이들이 사진과 똑같이 표현한다.

TIP 노래 속도를 조절해봐요

〈그대로 멈춰라〉 노래를 빠르게도 불렀다가 느리게도 불러주면 아이가 노래에 맞춰 몸을 움직여볼 수 있어요. 속도에 맞춰 움직여야 하기 때문에 신체 조절력도 생기고, 다양하게 몸을 움직이면서 유연성을 키울 수 있습니다.

응용

어떤 사진일까? 위의 사진을 다시 활용할 수 있는 놀이입니다. 색도화지에 붙여놓은 사진을 보며 아이들과 이야기를 나눠보세요. "사진 속에 누가 있어?", "지금은 어떤 계절일까?", "뭐 하는 모습이니?", "기분이 어때 보여?" 등을 질문해주세요. 그림 내용을 육하원칙에 따라 문장으로 말하며 표현력이 풍부해집니다. 그림을 그리면 생각을 더욱 구체화할 수 있고 상상력도 자라난답니다.

바짝 달라붙어!

달팽이 집을
만들어 볼 거야.

식구 모두 찰싹 붙어서 스킨쉽을 할 수 있는 게임이에요. 신문지 한 장만 있으면 준비 끝!
장난감 때문에 싸웠던 아이들도 이 놀이만 하면 서로 안 떨어지려고 바짝 붙는답니다. 신문
지가 없다면 아이들 이불로 해도 재밌어요. 이불로 하면 균형 잡기 놀이까지 할 수 있어요.
〈달팽이 집을 지읍시다〉 노래의 가사를 "점점 좁게"로 바꿔 부르며, 넓이의 개념도 즐겁게
이해할 수 있도록 합니다.

준비물 신문지

98

1 신문지 위에 아이 둘이 올라가거나, 엄마와 아이가 함께 올라간다.

2 신문지를 반 접은 후 올라간다. 신문지를 점점 좁게 하며 계속한다.

3 신문지 위에서 5초를 버티면 이기는 규칙으로 1:1 경기를 해도 좋다.

4 같은 크기의 신문을 놓고 사람이 점점 더 많아지게 하는 게임도 할 수 있다. 놀이가 끝난 후 신문지를 오려서 p.92의 놀이로 확장하면 된다.

응용

종이 날리기 작게 찢은 종이를 부채로 부쳐서 날리는 활동입니다. 엄마가 "바람이 살랑살랑 부네~", "태풍이 오고 있어. 자동차도 날아갈 것 같아!"와 같이 바람의 세기를 표현하면, 아이들이 그에 맞춰 부채를 부치도록 해주세요. 재밌는 표현을 듣고 반응하면서 문장 이해력과 순발력도 기르고 동시에 에너지도 발산할 수 있답니다.

살금살금 기어서 가자

우리는 지금
숲 속 거미줄에
떨어졌어.

거미줄처럼 끈을 쳐놓고 통과하는 놀이는 유연성 발달에 도움이 됩니다. 나이 차이가 나는 아이들이 함께 활동할 때는 작은 아이는 줄 밑으로 기어가고, 큰 아이는 줄 위로 건너가는 식으로 할 수 있어요. 너무 촘촘하게 줄을 쳐놓으면 아이들이 쉽게 지치니 간격을 여유롭게 해주세요. 끈 대신 박스 테이프로 거미줄을 만들고 "테이프가 몸에 붙으면 거미에게 잡아먹히는 거야!"라고 규칙을 정해주면 더욱 재미있게 할 수 있답니다.

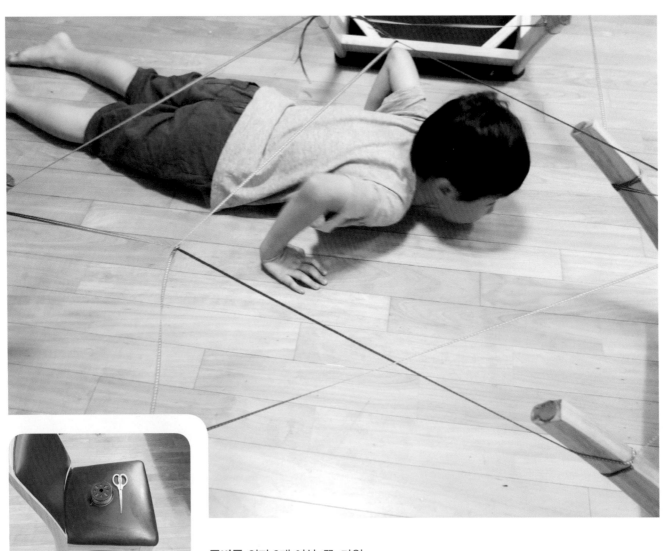

준비물 의자 3개 이상, 끈, 가위

1 자유롭게 끈을 탐색한다.

2 식탁 의자를 뒤집고 의자 다리를 끈으로 연결하여 거미줄을 만든다.

3 몸에 줄이 닿지 않게 기어간다.

4 다리에 닿지 않게 줄을 넘어간다.

응용

림보 게임 의자에 끈을 달아놓고 아이들과 림보 게임을 해보세요. 줄이 낮아질 때마다 아이들 웃음소리가 더욱 커진답니다. 림보 게임이 끝나고 나면 끈을 아이들 종아리 높이로 해주세요. 두 발로 뛰기, 한 발로 넘어가기 등 다른 신체 활동으로 확장할 수 있습니다. 끈을 나무젓가락에 묶은 다음, 음악을 틀어놓고 리듬체조 선수처럼 표현해봐도 좋아요.

알록달록 색종이길

여기는 색깔 나라야.
좋아하는 색깔로 가볼래?

색종이를 연결하여 네모난 길을 만들어주세요. 징검다리를 건너가는 것처럼 한 칸씩 건너 뛰면서 가거나, 두 발을 모아서 깡충깡충 뛰면서 움직이게 해보세요. 이런 활동은 아이들 평형성, 조정 능력, 민첩성 등 운동 능력 발달에 도움이 됩니다. 색종이에 한글을 적어놓고 단어를 찾는 놀이로도 할 수 있어요. "매미가 어디 있을까? 맴맴맴맴~", "숲 속에 무서운 호랑이가 나타났대. 호랑이는 어디 있을까?" 하면서 놀아보세요.

준비물 색종이, 테이프

1 색종이를 네모로 연결하여 붙인다.

2 색이름을 말하면서 한 칸씩 이동한다.

3 동물처럼 네 발로 움직인다.

4 〈그대로 멈춰라〉 노래를 부르며 가다가 엄마가 색이름을 말하면 재빨리 그 색으로 이동한다.

5 4처럼 노래 부르다가 "빨강 차렷, 파랑 엎드려!"와 같이 색마다 다른 행동을 지시한다.

응용

엉덩이 씨름 앞에서 만든 색종이 길을 활용한 놀이입니다. 색종이 길 안쪽을 씨름 경기장이라고 해요. 두 아이가 등과 엉덩이를 서로 맞대고 앉게 해주세요. 경기를 시작하면 서로의 등과 엉덩이를 밀어서 먼저 경기장 밖으로 나간 사람이 지는 경기입니다. 아빠와 경기를 해도 재미있게 할 수 있어요! 자신보다 몸도 크고 힘이 센 아빠를 이길 때, '나는 할 수 있다'는 자신감을 얻게 된다고 해요.

풍선을 찰싹!

풍선을 쳐서
천장까지 보내볼까?

풍선은 구하기 쉽고, 가격도 싸고, 아이들도 무척 좋아해서 엄마표 놀이에 빠지지 않는 재료입니다. 처음엔 풍선을 줄에 매달아놓고 치다가 운동 능력이 발달하면 줄에 매달지 않고 날아다니는 풍선으로 놀아주세요. 주걱, 라켓 등 다양한 도구로 쳐보기도 하고, 손이나 발로 풍선을 치거나 점프해서 머리로 튕겨보는 등 치는 방법도 다양합니다. 즐겁게 체력을 소모하면서 집중력도 발달시킬 수 있어요.

준비물 주걱, 끈, 풍선

1 풍선을 불며 자유롭게 탐색한다.

2 방문 사이에 끈을 연결한 후, 1의 풍선에 끈을 묶어서 걸어준다.

3 주걱, 뒤집개, 신문지 막대 등 도구로 풍선을 치며 논다. "흰 풍선 때려, 주황 풍선 때려." 하며 엄마가 지령을 내려도 재미있다.

4 다양한 자세로 풍선을 치며 논다.

풍선 말타기 큰 비닐봉지 안에 풍선을 가득 넣고 입구를 묶어주세요. 재활용품 버리는 봉지와 같이 크면 클수록 좋습니다. 이제 풍선 더미 위에 올라타서 풍선 말타기 놀이를 해보세요. 점핑볼과는 또 다른 재미랍니다. 이 밖에도 풍선 더미를 굴리거나 던지는 등 다양한 신체 활동으로 연결할 수 있어요.

오르락내리락 책 계단

> 떨어지면 안 돼!
> 악어떼가 나온다!

책 계단 놀이는 아이들 걸음마 떼면서부터 자주 했던 놀이인데, 근력 향상에 도움이 됩니다. 어릴 때는 손을 잡고 천천히 걸었고, 좀 커서는 혼자 걷게 했어요. 너무 덥거나 추운 날, 장마철이나 황사철에 한번 해보세요. 뒷정리할 엄두가 안 나서 엄마표 놀이가 힘들게 느껴진다는 분들도 많습니다. 하지만 정리도 놀이처럼 아이들과 함께 해보세요. 가위바위보에서 지는 사람이 한 권씩 가져다 놓으면 금세 정리가 끝난답니다.

준비물 책

1 책을 다양한 높이로 쌓아서 네모 모양을 만든다.

2 엄마가 "출발"을 외치면 천천히 걷다가 "그만" 하면 제자리에 멈춘다.

3 한 칸씩 건너뛰며 걷는다.

4 둘이 마주치면 가위바위보를 한다. 질 때의 벌칙은 아이들이 결정하도록 한다.

TIP 양말을 벗고 놀아요

책 계단 놀이를 할 때 양말을 신고 올라가면 미끄러질 수 있기 때문에, 반드시 양말을 벗고 하도록 합니다. 재미있게 활동하는 것만큼이나, 다치지 않고 안전하게 활동하는 것도 중요하다고 알려주세요. 몸을 다쳤을 때 어떤 불편함을 느끼게 되는지도 함께 알려주면 좋아요.

응용

책 뒤집기 놀이 책을 정해진 시간 안에 뒤집는 놀이입니다. 한글을 떼지 않은 아이들은 책의 앞면과 뒷면 구분이 어려우니 앞면에 스티커를 붙여서 뒤집어놓으세요. "엄마가 '시작'을 외치면 스티커가 보이게 뒤집어놓는 거야!"라고 규칙을 설명해주고 놀이를 시작합니다. 정해진 시간 안에 많이 뒤집는 사람이 이기는 게임으로도 할 수 있어요. 책을 놀잇감으로도 활용하며 책과 친해질 수 있게 해주세요.

미니 농구 게임

농구는 공중의 골대에
공을 넣는 게임이야.

아이 키우는 집에선 끝도 없이 나오는 게 요구르트병이지요. 다 먹은 요구르트병은 깨끗하게 씻고 말려서 아이들과 농구 게임을 해보세요. 처음에는 골대와 가까운 곳에서 공을 던지다가 점점 골대와의 거리를 늘려나갑니다. 어떻게 해야 공이 들어가는지 스스로 느낄 수 있도록 하고, 공이 안 들어간다고 실망하거나 포기하지 않도록 격려해주세요. 실제 농구 경기처럼 라인을 정해놓고, 점수를 달리하면 더욱 흥미진진하게 놀 수 있답니다.

준비물 종이 상자 2개, 시트지, 요구르트병, 박스 테이프, 매직

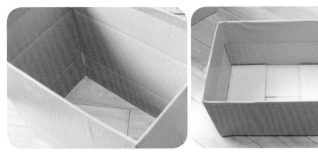

1 상자 하나는 위, 아래를 펼쳐서 시트지를 붙이고, 나머지 상자는 윗부분만 잘 라내고 시트지를 붙인다.

2 벽이나 에어컨에 상자를 붙인다.

3 자유롭게 요구르트병을 던지면서 농 구게임을 한다.

4 요구르트병에 숫자를 적고, 차례대로 던져본다. 골대 높낮이를 바꿔가며 해봐 도 좋다.

응용

마라카스 음악대 요구르트병에 쌀, 콩, 팥, 구슬 등을 넣고 또 하나의 요구르트병을 연결하여 붙여주면 마라카스가 완성됩니다. 이 때 병 입구가 맞닿은 부분은 테이프로 한 번 더 둘러줘야 튼튼해요. 들어가는 재료의 크기에 따라 소리가 달라지니, 여러 개의 요구르트 병을 준비하여 마라카스 하나에 한 가지 재료만 넣어서 비교해도 재 미있어요.

페트병으로 길을 내요

페트병으로
뭘 할 수 있을까?

흔한 페트병도 아이들에게 좋은 놀잇감이 될 수 있어요. 페트병으로 로켓이나 로봇을 표현할 수 있고, 줄줄이 붙여서 앉으면 시원한 물방석도 만들어지지요. 페트병으로 길을 놓고 사이를 오가는 신체 활동은 민첩성과 유연성을 길러준답니다. 5세 이하 아이들과 놀이를 할 때는 작은 병으로 하거나 빈 페트병으로 해주세요. 아이들이 직접 무거운 병을 들어 옮기다가 놓치기라도 하면 다칠 수 있으니까요. 페트병이 없다면 종이컵으로 해도 됩니다.

준비물 페트병

1 페트병으로 다양한 모양을 만들며 자유롭게 탐색한다.

2 페트병으로 길을 만들어 걷거나 기어본다.

3 페트병 사이를 지그재그로 걸어본다. 누가 더 빨리 반환점을 돌아서 오는지 경기를 해도 좋다. 장애물이 없는 운동장에서 달릴 때와 어떻게 다른지 이야기 나눠본다.

4 페트병을 동그랗게 놓고 그 안에 들어간다. 원을 점점 더 좁게 한다.

응용

페트병 어항 다양한 크기와 모양의 페트병을 준비하여 물을 넣고 물감을 풀어주세요. 지점토로 물고기, 오징어, 문어 등 바다 생물을 만들어서 페트병에 붙이면 멋진 페트병 어항이 완성됩니다. 좀 더 오래 간직하고 싶다면 지점토로 모양을 빚은 후 그늘진 곳에 하루 이상 말려주세요. 그런 다음 글루건으로 붙이면 됩니다.

아빠 옷 입고 변신! 슈퍼맨~

어른이 되면
무얼 하고 싶니?

아이들은 부모의 옷이나 물건에 관심이 많아요. 엄마, 아빠의 옷을 걸쳐보며 신체의 차이도 느낄 수 있고, 자신들도 어른이 되면 그렇게 커진다는 것을 알게 되지요. 아이들이 입어보고 싶은 엄마, 아빠 옷을 직접 고르고, 입고 놀게 해보세요. 놀이에 필요한 건 달랑 옷 한 가지뿐인데, 옷 속에 숨기도 하고 영화 속 주인공이 되어 역할놀이도 하며 시간 가는 줄 모르고 논답니다.

준비물 아빠 와이셔츠 종류

1 아빠 와이셔츠를 펼쳐서 숨바꼭질 한다. 다른 옷을 아이가 직접 골라도 된다.

2 아빠 옷을 입고 동물로 변신해본다.

3 슈퍼맨, 배트맨 등 영화 속 주인공을 표현해본다.

4 아빠 옷을 입고 반환점을 돌아오는 게임을 한다.

응용

단추 끼우기 단추 끼우기 활동은 소근육 발달과 눈과 손의 협응력을 길러주는 활동입니다. 특별한 교구가 없어도 단추 달린 옷만 준비하면 끝! 단추 끼우기는 아이들이 어려워하는 활동 중에 하나이니, 처음에는 엄마가 시범도 보여주고 설명해주면서 도와줘야 합니다. 일상생활에 필요한 기술도 습득하면서 자립심도 키울 수 있어서 좋답니다.

골프 신동이 나타났다!

골프는 어떻게 하는 운동일까?

스포츠 뉴스에서 골프 선수를 본 어느 날, 아이가 골프에 관심을 보이며 치고 싶다고 말했어요. 시중에 아이들이 가지고 놀 수 있는 골프 교구도 있지만, 집에 있는 재활용품을 이용하여 만들었답니다. 골프는 작은 공을 그릇 안에 넣어야 하기 때문에 집중력, 인내력과 조절력이 필요해요. 난이도가 높은 놀이인 만큼 아이가 성공했을 때 "나이스샷! 굿샷!"을 외치며 칭찬해주세요. 참! 골프채를 아이 키에 맞게 만들지 않으면 아이가 힘들어한답니다.

준비물 신문지, 칼, 가위, 우유갑, 테이프, 탁구공, 그릇, 매트

1 신문지를 말아서 긴 봉을 만든다.

2 우유갑 가운데에 구멍을 내어 신문지 봉을 넣고 테이프로 단단히 붙인다.

3 탁구공을 자유롭게 탐색한다.

4 매트 끝에 그릇을 움직이지 않게 붙여놓고 골프 놀이를 한다. 매트가 없다면 탁자도 괜찮다.

5 골프공이 들어가면 1점씩 얻으며 경기를 한다.

응용

신문지 통과 놀이 신문지 가운데를 동그랗게 오려주세요. 아이 몸보다 조금 여유가 있어야 놀이를 할 때 신문지가 찢어지지 않아요. 이제 신문지를 옷처럼 위에 끼우고 몸을 살살 움직여서 아래로 통과할 수 있게 해주세요. 반대로 아래에서 위로 통과해주세요. 엄마가 신문지를 수직으로 세워서 잡고, 아이는 기어서 통과하는 것으로 변형해도 좋아요.

빙글빙글 우산 놀이

꼭꼭 숨어라~
머리카락 보인다~

우산은 엄마 배 속처럼 포근함과 안정감을 주고 자신을 보호해주기 때문에 아이들이 좋아한다고 해요. 비 오는 날엔 비를 피하느라 우산으로 놀 수 없으니 집 안에서 가지고 놀게 해보세요. 아이들 우산뿐만 아니라 엄마, 아빠 우산까지 모두 꺼내어 놀면 아이들 반응이 최고랍니다. 목욕탕에서 우산 위에 샤워기로 물을 뿌려주면 빗소리도 느껴볼 수 있고, 아이들이 좋아하는 물장난도 실컷 할 수 있어서 좋아요.

준비물 우산, 마스킹테이프

1 우산을 자유롭게 탐색한다.

2 우산을 팽이처럼 빙글빙글 돌려본다.

3 집 안 곳곳에 우산을 펴놓고 숨바꼭질을 한다.

4 바닥에 마스킹테이프를 붙인다. 어떤 모양으로 할지 아이와 함께 이야기하며 붙이도록 한다.

5 마스킹테이프에 우산 꼭지를 대고 테이프를 따라 걷는다. 집중력과 조절 능력이 향상된다.

응용

우산 안에 양말이 쏙 우산을 펴서 거꾸로 뒤집어서 잡아주세요. 들고 있어도 되고 바닥에 놓아도 됩니다. 이제 양말(또는 신문지로 뭉친 공, 풍선 등)을 던져 우산에 넣는 게임을 해보세요. 우산 안으로 양말을 모두 던져 넣었다면 우산을 위로 튕겨서 양말이 밖으로 튀어나오게 해주세요. 아이들이 불꽃놀이 같다며 좋아한답니다.

우리 몸으로 표현해봐요

숫자 8을 몸으로
만들어보자!

글과 그림으로 생각을 표현하는 것도 좋지만, 몸으로 표현해보는 것도 아이들한테는 굉장히 흥미로운 일입니다. 어린아이들과 할 때는 특징을 바로 나타낼 수 있는 자동차, 포크레인, 호랑이, 꽃 등이 좋고, 조금 큰 아이들이라면 숫자, 한글, 느낌 등을 표현해보세요. "한글 '지읒'이 들어가는 단어가 뭐가 있을까?", "옳지! 그럼 '지읒'을 몸으로 표현해볼까?" 혼자서 만들기 힘든 글자는 협동하여 만들어보면서 공간 지각 능력과 신체 활동 능력을 길러주세요.

118

1 자유롭게 데굴데굴 하며 몸을 푼다.

2 몸으로 숫자를 만든다. 표현하기 쉬운 숫자부터 시작한다.

3 몸으로 한글 자음과 모음을 만든다. 혼자 만들기 어려운 글자는 힘을 합해 만든다.

4 곤충이나 동물을 표현해본다. 활동이 끝난 후에는 차분한 음악을 틀어서 아이가 편안히 쉴 수 있게 한다.

응용

몸 터널 몸으로 터널을 만들면 아이가 터널을 지나가는 활동이에요. 엄마, 아빠가 터널이 되면 더욱 좋아한답니다. 〈동대문을 열어라〉 동요에 맞추어 터널을 반복해서 통과하다가 "문을 닫는다!"에서 아이를 붙잡거나, 터널을 점점 좁게, 점점 넓게 만드는 식으로 하면 더욱 재미있어요.

스트라이크! 볼링은 재밌어!

휴지로도 맞힐 수 있을까?

페트병 볼링 놀이는 엄마표로 많이들 하시지요? 페트병 말고 종이컵으로도 한번 해보세요. 같은 볼링 놀이인데도 아이들이 굉장히 새롭게 받아들여요. 볼링공도 롤휴지로 바꿔서 주면 아이들 반응도 달라지고, 볼링을 하는 자세도 재료에 맞게 달라집니다. 엄마표 놀이에 특별한 재료가 필요한 건 아니잖아요. 교구를 사기 전에 집 안을 한번 둘러보세요. 집 안에 있는 모든 것이 아이들 놀잇감이 될 수 있답니다.

준비물 휴지, 매직펜, 종이컵, 공

1 종이컵을 탐색한 다음 볼링핀처럼 바닥에 놓는다.

2 휴지를 굴려서 종이컵을 맞힌다. 종이컵은 잘 쓰러지지 않으므로, 경기할 때는 정해진 공간에서 벗어난 개수를 세는 것으로 한다.

3 종이컵에 숫자를 적어서 한 줄로 놓는다.

4 엄마가 불러주는 숫자를 듣고 공으로 종이컵을 맞힌다.

TIP 탑처럼 쌓아서 해보세요

종이컵을 아이와 함께 탑처럼 쌓아보세요. 맨 밑에는 4개를 놓고 하나씩 줄이며 엇갈려서 쌓으면 됩니다. 탑 모양으로 쌓으면 휴지나 공을 굴렸을 때 와르르 무너지는 재미가 있어요. 종이컵을 쌓는 활동은 컵이 떨어지지 않도록 집중해야 하기 때문에 협응력, 집중력, 균형 감각 등이 발달한답니다.

응용

종이컵 꽃 모빌 종이컵으로 예쁜 사진 액자 겸 모빌을 만들 수 있어요. 종이컵 바닥면에 아이 사진을 붙인 후 종이컵의 몸통을 세로로 길게 여러 번 잘라서 꽃잎처럼 옆으로 쭉 펼쳐주세요. 이제 종이컵에 낚싯줄을 연결해 방문이나 창문에 걸면 아주 예쁜 꽃 모빌이 완성됩니다.

칙칙폭폭 기차놀이

끈으로 할 수 있는
놀이는 뭘까?

집에선 미술 놀이 같이 정적인 놀이를 많이 하시지요. 다른 어떤 놀이보다 재료 구하기가 쉽고 단순한 신체 놀이를 자주 해주세요. 남자아이들은 물론이고 여자아이들도 몸으로 부대끼며 노는 시간이 꼭 필요하니까요. 뭘 하고 놀까 고민일 때는 끈을 한번 준비해보세요. 끈 하나만으로도 할 수 있는 놀이가 무궁무진하고, 끈의 굵기와 종류만 달라져도 새로운 놀이처럼 할 수 있답니다.

준비물 끈, 종이컵

1 끈을 자유롭게 탐색한다.

2 끈을 묶어서 즐겁게 기차놀이를 한다.

3 서로 등을 돌리고 서서 줄을 당긴다.

4 반환점에 종이컵을 놓고 이인삼각으로 반환점을 돌아온다.

응용

나에게 소중한 물건은? 끈을 동그라미 모양으로 만들어놓고 아이들에게 "동그라미 안에 물건을 가득 담아서 이사할 거야. 어떤 것을 담아야 할까? 딱 10가지만 가지고 갈 수 있어."라고 해보세요. 아이들이 골똘히 생각하면서 자신이 소중히 여기는 물건을 들고 오더라고요. 뒷정리할 때는 "도착했어~ 이제 물건을 정리해볼까?" 하면서 끈을 좁게 만들어서 아이들이 스스로 물건을 정리해보게 해주세요.

한 번 더! 이불 썰매

이불로도 썰매를
탈 수 있어!

세탁해야 할 이불이 있다면 빨래통에 넣기 전에 이불로 놀아주세요. 아이를 이불 위에 태우고 "오늘은 엄마가 루돌프가 될 거야. 썰매 출발~~~" 하며 썰매를 태워주세요. 넘어질 듯 말 듯하면서 균형 감각을 기를 수 있는 신체 놀이랍니다. 갑자기 확 잡아당기면 아이가 다칠 수 있어 주의해야 하지만, 안전한 매트 위에서는 조금 더 속도를 내서 일부러 떨어지게 해도 재미있어해요.

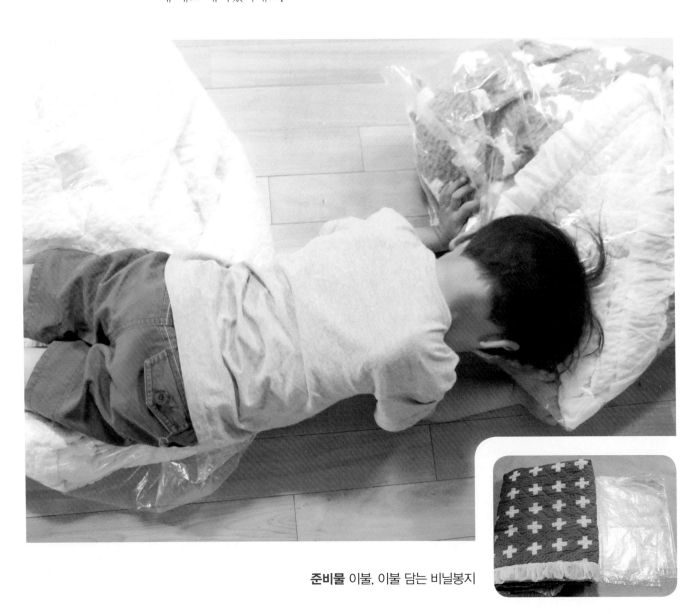

준비물 이불, 이불 담는 비닐봉지

1 이불 담는 비닐 안에 들어가 반환점을 돌아오는 경주로 몸을 푼다.

2 이불 위에 아이들을 태워서 썰매놀이를 한다.

3 이불을 비닐에 넣는다. 울퉁불퉁해도 아이가 직접 넣는 게 좋다.

4 비닐 위에 올라가 균형을 잡고 서거나 여러 개를 모아 트램펄린처럼 뛰며 논다.

응용

들것 놀이 얇은 이불을 아이들이 맞잡을 수 있는 넓이로 접어주세요. 들것처럼 이불 가운데에 풍선, 인형, 공 등을 올려놓고 반환점을 돌아오며 놀면 됩니다. 이불을 털 듯이 들어 올려서 가운데 놓인 물건을 공중에 띄웠다가 다시 받는 놀이도 재미있어요.

TIP 이불로 텐트를 만들어요

이불로 할 수 있는 또 하나의 놀이는 바로 캠핑놀이! 식탁이나 빨래 건조대, 또는 의자 몇 개를 간격을 두고 놓은 다음 이불을 뒤집어씌워서 텐트를 만들어주세요. 캠핑 기분이 나도록 손전등도 준비해주고, 아이들이 필요한 물건을 텐트에 직접 가져가게 해보세요. 캠핑 온 것 같은 분위기에 속닥속닥, 깔깔깔 대며 신나게 놀 수 있답니다.

과녁 속으로 공이 쏙~

신문지 가운데에
구멍이 뚫렸어!

신문지에 구멍을 내어 과녁을 만들어놓고 공을 넣는 놀이를 해보세요. 팔과 손의 힘을 조절하여 던지면서 집중력과 협응력을 기를 수 있습니다. 처음엔 가까운 거리에서 넣다가 놀이에 익숙해지면 차차 뒤로 가서 던지도록 해주세요. 과녁의 높이도 위아래로 조절해도 좋아요. 이렇게 과녁의 높이와 과녁까지의 거리에 따라 아이의 자세가 달라지면서 사용하는 근육도 달라집니다.

준비물 신문지, 가위, 테이프, 끈, 쿠킹 포일

1 신문지 가운데에 다양한 모양과 크기로 구멍을 뚫는다.

2 쿠킹 포일을 구겨서 공이 만든다.

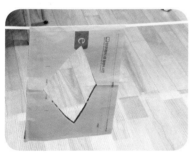

3 방문 사이에 줄을 연결하고 줄 위에 신문지를 걸어준다.

4 공을 던져서 신문지 구멍 사이로 넣는다. 점수를 매기며 경기를 해도 좋다.

찰싹 달라붙는 과녁 먼저 투명 시트지의 매끈한 면에 매직펜으로 과녁을 그려 주세요. 양궁처럼 동심원마다 점수를 매기도록 해요. 이제 시트지의 종이를 뗀 다음 접착 부분이 앞으로 오도록 하여 벽에 붙여줍니다. 쿠킹 포일로 만든 공과 뽕뽕이를 던지면 과녁에 찰싹 달라붙는답니다.

튜브 타고 낚시

물고기는 어디서 어떻게 잡지?

물고기를 잡으려면 어디서, 어떻게 해야 할지 먼저 이야기해보세요. "그물로 잡는다.", "물안경을 끼고 물속에 들어간다." 등등 다양한 답이 나오겠지요. "튜브를 배처럼 타고 낚시를 해보자." 말한 후, 튜브와 물고기 모형을 준비해주세요. 아이들과 함께 만든 물고기 모형을 집 안 곳곳에 흩뜨려놓으면, 보물찾기하듯 돌아다니면서 잡을 수 있어요. 낚싯대 교구가 없으면 막대기에 끈을 묶고 자석을 매달아주면 됩니다.

준비물 튜브, 종이 상자, 클립, 낚싯대 교구, 가위, 매직펜

1 튜브를 자유롭게 탐색한다.

2 종이 상자에 물고기를 그린다. 아이가 직접 그리면 놀이에 더욱 몰입할 수 있다.

3 물고기를 오리고 입에 클립을 꽂아준 후, 곳곳에 물고기를 뿌려놓는다.

4 튜브를 끼고 낚싯대로 물고기를 잡으며 논다.

TIP 낚시터를 만들어보세요

종이 벽돌 블록이 있으면 블록으로 원을 두르고 그 안에 파란 비닐을 깔아서 아이만을 위한 낚시터를 만들어주세요. 큰 바구니도 괜찮아요. 낚시터 안에 아이가 직접 만든 물고기 모형을 넣으면 낚시놀이 장난감이 부럽지 않아요.

응용

썰매 끌기 "오늘은 집에서 튜브 썰매를 타볼 거야.", "썰매를 타고 어디를 가볼까?" 하면서 집 안 이곳저곳을 돌아다니며 썰매를 태워주세요. 너무 세게 끌면 튜브가 찢어질 수 있고, 아이들 엉덩이가 바닥에 쓸려서 아플 수 있으니 살살 조심해주세요. 튜브에 인형을 태우고 역할놀이를 해도 좋아요.

감수성을 키워주는

오감 놀이

돌 전 아이와 뭘 하고 놀아야 할지 몰라 답답한 적이 누구나 있을 거예요. 그럴 때 딱 좋은 놀이가 오감 놀이입니다. 오감이 급격하게 발달하는 0~3세 아이들에게 가장 중요한 놀이이자, 부모와 끈끈한 애착 관계도 형성할 수 있는 놀이죠. 저희 첫째는 8살인데도, 아직도 오감 놀이를 제일 재미있어해요. 30대 후반인 저까지도 아이들과 오감 놀이를 하다 보면 시간 가는 줄 모르겠더라고요. 어른들도 함께 동심으로 돌아갈 수 있는 놀이가 오감 놀이인 것 같아요.

오감 놀이라고 하면 가루, 물감으로 하는 놀이가 주로 떠오르지요? 그래서인지 뒷정리가 힘들어서 문화센터를 등록한다고 하는 엄마들이 많습니다. 한 번은 저도 문화센터 수업이 궁금해서 첫아이를 데리고 간 적이 있었는데, 정해진 시간이 있어서 실컷 놀지를 못했어요. 엄마표 놀이가 좋은 이유 중 하나는 아이가 원하는 만큼 신나게 놀 수 있다는 것 아니겠어요? 그리고 가루, 물감이 아니더라도 아이의 오감을 발달시킬 수 있는 활동은 정말 다양하답니다. 오감 놀이를 즐겁게 즐길 수 있는 몇 가지 팁을 알려드릴게요.

엄마의 컨디션도 중요하다

가루나 물감처럼 뒷정리가 수고로운 놀이는, 아이의 컨디션만큼이나 엄마의 컨디션도 중요해요. 이왕이면 청소하기 전일 때 하는 게 좋고요. 기분도 안 좋고, 몸도 아픈데 온몸에 밀가루를 뒤집어쓰고 노는 아이를 보고 있으면 같이 놀아줄 마음은커녕, '저걸 언제 다 치우나. 언제 끝나나.' 하는 마음이 먼저 들 거예요. 또, 청소를 다 해놨는데 아이가 여기저기 물감을 묻혀놓는다면 좋게 반응해주기가 쉽지 않아요. 놀아주려고 시작한 놀이가, 짜증만 잔뜩 내며 끝나게 될 수 있습니다. 그런 날은 차라리 오감 놀이를 시작하지 않는 게 좋아요.

탐색하는 것으로 시작한다

오감 활동의 맨 첫 단계는 탐색입니다. 꼭 손발로 안 해도 괜찮아요. 손의 감각이 예민한 아이에게는 숟가락이나 종이컵 같은 곳에 재료를 놓고 탐색할 수 있게 해주세요. 재료가 익숙해지면 엄마가 말하지 않아도 온몸을 이용해 재료를 탐색합니다. 그때까지 아이를 기다려 주세요. 탐색이 끝난 후 "어떤 색이니?", "먹어보면 무슨 맛이 날까?", "여기에 물을 부으면 어떻게 될까?", "밀가루 색을 변신시키고 싶으면 어떻게 해야 할까?" 등 아이가 생각하고 대답할 수 있도록 질문해주세요. 아이가 아직 어리다면 재료에 대한 색깔, 느낌 등을 엄마가 이야기해주면 됩니다.

마음 편히 비닐을 깔아놓는다

식당에서 사용하는 비닐식탁보를 깔아놓으면, 놀이 후 바로 버릴 수 있어서 뒷정리가 간편해집니다. 참! 비닐 식탁보는 몇 장을 겹쳐서 깔아야 찢어져도 걱정이 없어요.

말랑말랑 두부 놀이

어? 두부 케이크다!

오감 놀이를 대개 영아들의 놀이라고만 생각하는데, 큰 아이들에게도 감수성과 호기심, 창의성 발달에 도움이 된답니다. 오감 놀이가 처음이라면 낯선 재료보다 아이가 많이 보고, 먹어본 재료부터 하나씩 시작해보세요. 오감 놀이 재료로 많이 사용하는 두부는 재료 구하기도 쉽고, 촉감도 말랑말랑해서 부담 없는 재료입니다. 뒤처리 걱정은 접어두고 아이들이 신나게 놀 수 있도록 준비해볼까요?

준비물 방수천, 두부, 물감, 초, 그릇, 찍기 틀

1 두부에 초를 꽂아 생일놀이를 하며 재료에 관심을 유도한다.

2 두부를 자유롭게 으깬다.

TIP 유통기한을 확인해주세요

어린아이들은 호기심이 생기면 입에 넣어보기 때문에 유통기한이 지난 두부는 쓰지 않도록 합니다. 두부에 물감을 섞는 활동은, 물감은 먹지 않는 것이라는 것을 알 때 해주세요. 다른 오감 놀이 역시, 먹어도 괜찮은 재료만으로 시작해서 차츰 물감 등을 함께 활용하면 됩니다.

3 큰 그릇에 두부를 옮겨 담고 물감을 섞는다. 물감 색깔은 아이들이 직접 고르도록 한다.

4 찍기 틀로 모양을 빚어보기도 하고 동물 모양도 만들며 자유롭게 논다.

응용

숟가락 쓰러트리기 물기를 뺀 두부를 아이들이 직접 으깨도록 해주세요. 으깬 두부를 큰 쟁반에 올려놓고 가운데에 숟가락을 꽂아주세요. 모래 가져가기 놀이처럼, 번갈아가며 자기 앞으로 조금씩 두부를 가져가다가 중간에 꽂아놓은 숟가락을 쓰러트린 사람이 지는 게임이에요. 두부가 많으면 많을수록 재미있게 놀 수 있으니, 넉넉히 준비해주세요.

뽁뽁이 터지는 소리

뽁뽁이를 엉덩이로 터트려보자!

뽁뽁이만 보면 빨리 터트리겠다고 아우성치며 너무나 좋아하는 아이들! 평소에 손으로만 터트리고 놀았다면 물감을 뿌려놓고 몸으로 터트리며 놀아보세요. 음악과 함께 놀이 시작! 손으로 터트리면서 놀 때와 물감이 들어간 뽁뽁이 놀이는 아이들 반응부터 다르답니다. 온몸을 비비대며 놀면서 뽁뽁이가 터지는 소리, 뽁뽁이의 올록볼록한 느낌 그리고 물감이 섞이는 모습을 관찰할 수 있게 해주세요.

준비물 뽁뽁이 2장, 테이프, 물감, 가위

1 뽁뽁이 한 장을 바닥에 붙인다. 떨어 지면 아이들이 미끄러질 수 있으니 단단히 붙여야 한다.

2 뽁뽁이에 물감을 뿌린다. 약통에 물 감을 덜어주고 아이들이 직접 뿌려 도 좋다.

3 물감 뿌린 뽁뽁이 위에 다시 뽁뽁이 를 덮어서 테이프로 고정한다.

4 뽁뽁이 위에 올라가 몸을 굴리고 발로 밟으며 자유롭게 터트린다.

TIP 소리에 민감한 아이라면

뽁뽁이가 터지는 소리를 무서워하는 아 이라면, 뽁뽁이 대신 비닐을 활용하면 됩 니다. 뽁뽁이 소리만 안 날 뿐, 물감이 퍼 져서 섞이는 모습은 똑같이 관찰할 수 있어요. 아이가 민감해하는 부분을 억지 로 시키기보다는 시간을 두고 천천히 적 응할 수 있게 해주세요.

응용

과일이 주렁주렁 뽁뽁이를 바닥에 펼 쳐놓고 스펀지를 이용해 물감으로 색칠해주 세요. 이제 뽁뽁이 위에 A4용지를 올려서 찍 은 후 말려주세요. 물감이 마르면 패턴 색종 이로 활용할 수 있어요. 색연필, 사인펜 등으 로 꾸미기 활동을 해도 좋고, 과일 모양으로 오려서 냉장고나 벽에 작품처럼 전시해주면 아이들이 정말 좋아합니다.

하늘에서 국수 비가 내려와

발로 비비고~
엉덩이를 이쪽저쪽~

부드러운 재료로 오감 놀이를 시작했다면 삶지 않은 생국수로도 한번 해보세요. 딱딱하면서도 잘 부러지고, 뾰족한 느낌이 나는 생국수는 아이들이 호기심을 가지는 재료입니다. 손발로 톡톡 부러트려도 보고, 국수를 뿌리기도 하며 자유롭게 놀면 됩니다. 영아들과 놀이할 때는 "타닥타닥, 비 오는 소리 들려?", "앗! 따가워! 고슴도치 가시처럼 뾰족하다!" 하며 더욱 풍부한 표현으로 아이의 오감과 상상력을 자극해주세요.

준비물 국수

136

1 국수의 촉감, 맛, 소리, 모양 등을 탐색한다.

2 바닥에 비닐이나 천을 깔고 국수를 만지거나 부러트리며 자유롭게 논다.

3 엄마가 위에서 국수를 뿌려준다.

4 "두껍아 두껍아~ 헌 집 줄게, 새집 다오~" 노래를 부르며 국수로 두꺼비집 놀이를 한다.

응용

국수로 그린 그림 위의 놀이를 마치고 난 국수 조각을 버리지 말고 국수 그림으로 활용해보세요. 자유롭게 밑그림을 그린 후 그 위에 국수 조각을 올려주면 끝! 색칠했을 때와는 또 다른 느낌이라 아이들에게 새로운 자극을 줄 수 있습니다. 국수 요리를 해먹고 남은 사리도 활용해보세요. 밑그림이 물기에 찢어지지 않도록 지퍼백에 넣고, 그 위에 물감 묻힌 사리를 올리면 됩니다.

물주머니로 벌레만 쫓는다고? NO!

물주머니를 통통
손으로 쳐보자!

투명한 비닐봉지에 물을 넣어 걸어두면 빛이 반사되면서 벌레들이 접근하지 못한다고 하죠? 하루는 과일가게에 갔는데 둘째 아이가 천장에 매달린 비닐 물주머니가 신기했던지 만져보고 싶다고 했어요. 집에 돌아오자마자 물주머니를 만들어서 욕실에서 놀았답니다. 물을 담기 전에 비닐봉지에 그림도 그려보고, 물을 담은 후의 촉감도 느껴보고, 물주머니로 탱탱 축구놀이도 하면 오감 놀이는 물론 신체 놀이까지 할 수 있어요.

준비물 투명 비닐봉지(또는 위생장갑), 매직펜, 끈, 물

1 매직펜으로 비닐에 그림을 그린다. 물에 지워지지 않도록 유성펜을 사용하도록 한다.

2 비닐에 물을 담아 묶은 다음 끈으로 연결하여 샤워봉에 걸어준다. 샤워봉이 없으면 수건걸이에 건다.

3 비닐 물주머니를 자유롭게 탐색한다.

4 물주머니를 머리, 발, 손으로 치며 축구놀이를 한다.

응용

봉지 속 셀로판지 셀로판지를 가위로 잘라서 물주머니에 넣고 흔들어볼 수 있게 해주세요. 셀로판지가 겹치고 빛이 통과하면서 만들어낸 빛깔 때문에 색다른 시각적 경험이 될 거예요. 셀로판지의 바스락거리는 느낌을 느낄 수 있도록 아이들이 직접 자르는 게 좋지만, 가위질이 서툰 아이라면 엄마가 도와주세요. 셀로판지가 얇고 미끄러워서 다칠 수 있답니다.

송사탕 꽃이 활짝

송사탕을 어떻게
만들 수 있을까?

송사탕 안 좋아하는 아이들은 별로 없죠? 저희 아이들은 송사탕을 그냥 지나친 적이 없었던 것 같아요. 이렇게 좋아하는 송사탕을 소재로 하면 어떨까 해서 해본 놀이인데, 네 번도 넘게 했답니다. 활동 전에 송사탕을 먹어본 느낌을 이야기하며, 오감을 상상하도록 해주세요. 그런 다음 솜으로 송사탕 꽃을 만들어서 화병을 만들어보는 거예요. 아이들이 만든 작품은 가족들이 자주 모이는 공간에 놓아두고 칭찬해주면 성취감과 자신감이 자라납니다.

준비물 쌀, 빨대, 일회용 숟가락, 목공풀, 솜, 일회용 플라스틱 컵

140

1 쌀을 만져보며 자유롭게 탐색한다.

2 숟가락을 이용하여 일회용 플라스틱 컵에 쌀을 옮겨 담는다. 숟가락 크기를 다양하게 하면 조작 능력의 향상도 꾀할 수 있다.

3 2의 컵에 다양한 색의 빨대를 꽂는다.

4 솜을 충분히 탐색한 다음, 목공풀을 이용하여 빨대에 붙인다.

TIP 컵 안에 넣는 재료는 자유롭게

컵에 꼭 쌀을 넣을 필요는 없어요. 조그만 돌멩이도 괜찮고, 바닷가에서 주워온 조개껍데기나 미술 재료로 사용하는 뿅뿅이, 점토 등 자유롭게 넣어주세요. 아이가 원하는 재료를 알아보고 직접 넣어보는 것이 제일 좋겠지요.

응용

쌀 속에 든 보물찾기 먼저 큰 볼에 쌀을 담아놓고 아이들이 쌀을 탐색해볼 수 있게 시간을 주세요. 탐색이 끝나면 아이 눈을 감게 한 후, 스팽글이나 구슬처럼 작은 물건을 쌀 속에 숨겨주세요. 그다음 아이에게 물건을 찾게 하는 놀이입니다. 눈을 감고 찾으면서 손에 잡힌 물건이 무엇인지 맞히도록 해도 재미있답니다.

보들보들 까칠까칠 촉감 놀이

손으로 만져볼까?
발로 밟아볼까?

다양한 재료를 느껴보는 활동은 아이의 감각 발달에 매우 중요합니다. 손으로 만져보는 것 뿐 아니라 발로 밟으며 느낄 수 있도록 판을 만들어서 바닥에 붙여주세요. "정말 보송보송하다. 꼭 이불 같아~", "거칠거칠한 아빠 수염 같아." 하며 다양한 표현을 들려주는 것도 감각 발달에 좋아요. 단, 낯선 재료를 경계하는 아이라면 재료에 익숙해질 때까지 기다려줘야 합니다.

준비물 뽁뽁이, 종이 상자, 솜, 뽕뽕이, 노끈, 수건, 글루건

1 종이 상자를 자른 다음 글루건을 이용하여 뿅뿅이, 뽁뽁이 등을 붙인다.

2 1의 촉감 판을 일정한 간격으로 바닥에 고정한다.

3 천천히 촉감의 차이를 느끼며 걸어본다.

4 손과 발로 마음껏 탐색하여 느낌을 표현해본다.

응용

감각 상자 아이들은 빨래바구니, 종이 상자나 책상 밑처럼 좁디 좁은 공간에 들어가서 노는 걸 좋아하지요. 앞에서 바닥에 붙여놨던 판을 떼어내서 상자 안쪽과 바닥에 붙여주세요. 엉덩이를 이쪽저쪽 움직이고 탐색하면서 즐겁게 활동할 거예요. 아이가 기어 다닐 수 있는 크기의 상자를 여러 개 연결한 다음, 바닥에 촉감 판을 붙이면 감각 터널이 됩니다.

상자 속이 궁금해

엄마가 볼펜이 필요한데 상자 안에서 찾아볼까?

상자 안에 다양한 물건을 넣어두고 엄마가 말하는 물건을 보지 않고 찾아서 꺼내는 활동입니다. 평소 보고 만지던 물건이라도 순전히 손의 감각에 의존하여 찾아내는 활동은 추리력과 집중력이 필요합니다. 너무 많은 물건이 있으면 찾기가 힘들 수 있으니 적당한 개수를 넣어주세요. 만약 아이가 못 찾는다면 "뽕뽕이는 어떻게 생겼더라?" 하며 생김새를 떠올릴 수 있게 도와주시면 됩니다.

준비물 종이 상자, 색도화지, 가위, 풀, 칼, 물음표 프린트, 다양한 물건

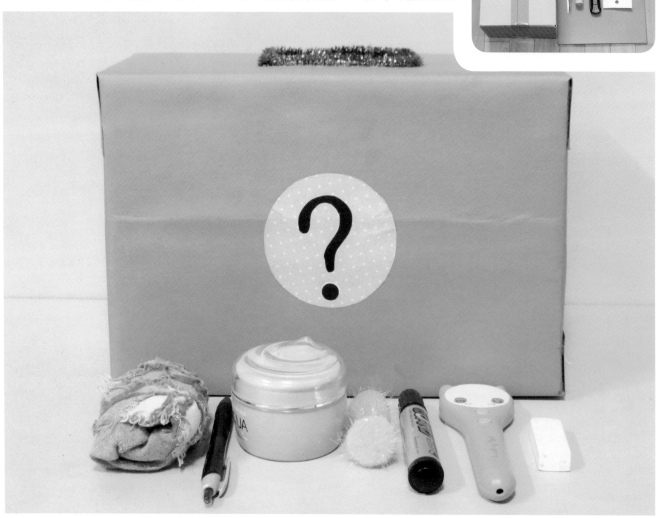

1 상자를 색도화지로 감싼 다음 윗부분에 구멍을 뚫어 상자를 꾸민다.

2 집에 있는 다양한 물건을 상자에 넣는다.

3 눈을 감고 엄마가 말하는 물건을 상자 안에서 찾는다.

4 물건이 맞는지 확인한다.

응용

오감 수수께끼 단어(또는 그림)를 종이에 출력한 다음 색종이에 붙여서 아이만 볼 수 있게 준비해주세요. 단어카드가 있다면 뒷면이 보이지 않게 파일에 넣어주세요. 이제 준비한 단어카드를 보며 아이가 엄마에게 수수께끼를 내면 됩니다. 아이들은 주로 시각적인 것을 설명하니, "어떤 소리를 내니?", "만지면 어떤 느낌이야?"와 같이 소리, 촉감 등을 스무고개처럼 질문하면서 아이의 사고를 확장해주면 좋아요. 말로 표현하기 어려운 단어라면, 몸으로 표현할 수 있게 해주세요.

쏙쏙 과자 끼우기

빨대 손가락에
과자 반지를 끼워보자!

링 모양으로 생긴 과자를 먹을 때면 아이들은 너나 할 것 없이 손가락에 끼우고 먹곤 하지요. 하루는 손가락에 끼우기엔 작은 마카로니 뻥튀기를 사 왔더니 아쉬워하더라고요. 그래서 빨대에 과자를 꽂는 놀이를 해봤어요. 맛있는 과자로 오감 놀이를 하면서 눈과 손의 협응력과 집중력을 키워줄 수 있어서 좋은 활동입니다. 아직 소근육이 많이 발달하지 않은 아이들과 활동할 때는 구멍이 큰 과자를 준비해주세요.

준비물 링 과자, 빨대(또는 파스타), 송곳, 우유갑, 끈

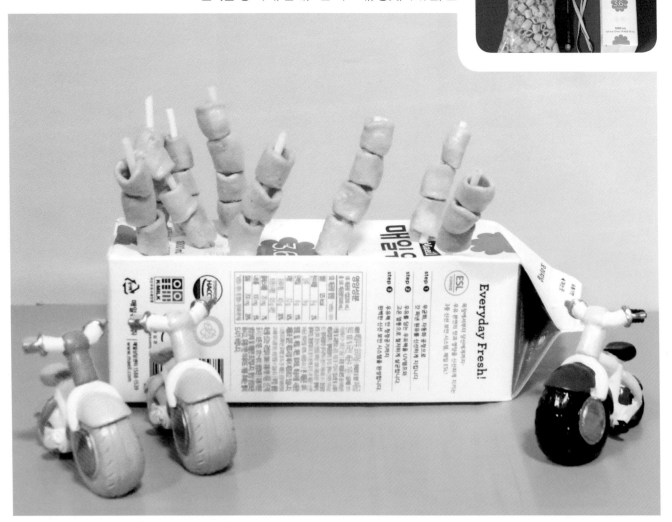

1 우유갑에 송곳으로 구멍을 낸다.

2 구멍을 뚫은 곳에 빨대를 꽂는다. 아이가 힘들어하면 엄마가 도와줘도 된다.

3 빨대에 과자를 하나씩 끼운다.

4 끈을 이용해 과자 목걸이를 만든다. 팔찌를 만들어도 좋다.

응용

추억의 과자 따 먹기 과자 따 먹기는 어릴 적 소풍이나 운동회 때 단골로 했던 추억의 놀이지요. 조금 유치한 듯해도 아이들에게는 무척 재미있는 놀이랍니다. 빨래집게로 빨래를 널 듯 과자를 걸고, 어떻게 하는 게임인지 엄마가 먼저 시범을 보여주세요. 처음엔 아이 키 높이로 하다가, 점점 끈을 높여서 도전하고 성취할 수 있게 하면 좋습니다.

쉿! 새알이 있어요

새와 관련된 책과 영상을 보다가 둥지를 만들어본 적이 있어요. 둥지를 만들 때 무엇이 필요한지 이야기한 후, 공원에 가서 직접 나뭇가지를 주워왔습니다. 나뭇가지를 탐색할 때는 자유롭게 부러뜨리며 놀던 아이들이 둥지를 만들 때는 정말 엄마 새라도 되는 양 조심조심 다루더라고요. 나뭇가지로 둥지를 만든 후에 떡 뻥튀기를 새알처럼 올려주면 끝. 단순한 활동이지만, 동물을 사랑하는 마음을 가지게 할 수 있어요.

> 새는 왜 나뭇가지를 물어오는 걸까?

준비물 떡 뻥튀기, 나뭇가지

148

1 밖에서 나뭇가지를 주워와서 자유롭게 탐색한다.

2 떡 뻥튀기에 나뭇가지를 꽂는다. 뻥튀기가 없으면 점토로 해도 된다.

3 2의 재료로 만들 수 있는 것을 상상하여 만든다.

4 나뭇가지를 집 안 곳곳에 뿌려두고 아이가 하나씩 찾아와서 나뭇가지를 쌓는다.

5 떡 뻥튀기를 4에 올려서 둥지를 완성한다.

뻥튀기 가족 이쑤시개보다 기다란 산적 꼬챙이를 준비해서 떡 뻥튀기를 꽂아주세요. 어린아이들은 다칠 수 있으니 부모님께서 도와주셔야 해요. 꼬챙이를 꽂은 뻥튀기를 사탕처럼 먹어보기도 하고, 뻥튀기 위에 매직으로 가족 얼굴을 그려서 역할놀이도 해볼 수 있어요. 커다란 뻥튀기라면 초콜릿, 과자 등을 딸기잼으로 붙여서 얼굴을 꾸며보세요. 활동 후에 맛있게 먹을 수 있어서 매번 반응이 최고입니다.

나의 첫 카나페

과자에 옷을
입혀보자!

요리 놀이는 아이의 오감 발달에 좋아요. 가장 좋은 건 그동안 안 먹던 음식도 먹게 된다는 것입니다. 오늘의 요리는 카나페. 불을 사용하지 않아도 되고, 재료 구하기도 쉽고, 아이들이 만들기에도 복잡하지 않아서 요리 놀이로 많이 합니다. 처음 한두 개는 엄마가 가르쳐주는 순서대로 하더라도, 그다음부터는 아이가 자유롭게 만들어보면서 창의성도 자라날 수 있도록 해주세요.

준비물 크래커, 양상추, 치즈, 샐러드, 딸기,
참치 샐러드 재료(참치, 마요네즈, 소금, 후추 등), 숟가락

1 접시에 과자를 놓고 그 위에 치즈를 올린다.

2 1에 양상추를 올린다.

3 참치에 양상추, 마요네즈, 소금, 후추를 섞어서 참치 샐러드를 만든다.

4 2에 참치 샐러드를 올린다.

5 치즈를 한 장 더 올린 후 딸기를 올리면 완성.

응용

샌드위치 만들기 샌드위치에 들어갈 재료에 관해 이야기한 다음 정해진 순서 없이 자유롭게 만들도록 해주세요. 엄마가 만든 샌드위치와 어떻게 다른지 비교해보는 것도 재밌습니다. 완성된 샌드위치를 모양틀로 찍어서 꾸며줘도 좋아요.

TIP 잘 안 먹는 음식이 있다면 요리 놀이로

아이가 좋아하는 요리에 평소 잘 안 먹는 재료를 한 가지씩 섞어서 준비해주세요. 재료에 대한 거부감이 한결 줄어든답니다.

둥실둥실 구름빵 신발

신발에 솜을 붙이는 걸 보더니 아이가 구름빵 신발이라고 외쳤어요. 그리하여 이름 붙여진 구름빵 신발 놀이. 작아진 신발, 슬리퍼, 실내화 등으로 해볼 수 있는 놀이입니다. 네 발로 걸으면서 "어흥! 어흥!", "음매~ 음매~" 하며 동물 흉내도 내보고, "폭신폭신~ 구름 위를 걷는 것 같아." 하며 걷는 느낌도 표현해볼 수 있게 해주세요. 전지 위에 물감을 뿌려놓고 그 위를 뛰고 걸으며 시각적 자극도 함께하면 좋아요.

> 오늘은 구름빵
> 신발 놀이를 할 거야!

준비물 신발, 물감, 솜, 글루건, 전지

1 솜을 만져보며 탐색한다.

2 글루건으로 신발 바닥에 솜을 붙인다.

3 구름빵 신발을 신고 걸으며 솜이 없는 신발과의 차이를 느껴본다.

4 바닥에 전지를 붙인 후 물감을 전지 이곳저곳에 뿌린다. 그다음 구름빵 신발로 전지 위를 마음껏 걸어본다.

TIP 마무리까지 아이 뜻대로

물감 퍼포먼스 활동이 끝나고 나면 아이들이 꼭 손바닥 발바닥 찍기를 하더라고요. 뒷정리가 더 힘들어질 것 같아 못 놀게 하는 엄마들도 있을 텐데, 아이가 하고 싶은 대로 마음껏 할 수 있게 해주세요. 신나게 놀았는데, 제일 좋아하는 마지막 활동을 못 하게 되면 놀이 전체가 재미없다고 느낄 수 있어요.

응용

솜풍선 그림 비닐에 솜을 넣고 빨대를 붙이면 솜풍선을 만들 수 있어요. 여기에 모형눈, 매직펜 등으로 얼굴을 만들어서 인형극 놀이를 해도 좋고, 도화지에 붙여서 아이가 상상한 대로 자유롭게 표현해봐도 좋아요. 아이의 그림은 얼마나 잘 그렸나, 얼마나 멋지게 완성했느냐 하며 결과를 우선하지 마세요. 자기 생각을 그림으로 표현해보고, 자기 힘으로 완성해봤다는 게 가장 중요합니다.

뽀드득뽀드득 세수 시간

아빠를 깨끗이
씻겨주자.

씻기 싫어하는 아이들에게 추천하는 놀이입니다. 인형이나 장난감을 씻기며 물과 친해지는 방법도 있지만, 아빠 얼굴 세수시키기는 그중 일등이에요. 아빠 사진을 출력하거나 얼굴 그림을 그려서 욕실 벽면에 붙여놓고 씻겨주는 거랍니다. 투명 시트지 위에 수성 매직펜으로 병균을 그려놓으면 더욱 재미있어요. 얼굴을 비누로 깨끗이 씻기고 나면 병균이 싹 없어지기 때문에 왜 씻어야 하는지 말로 하지 않아도 아이가 알 수 있어요.

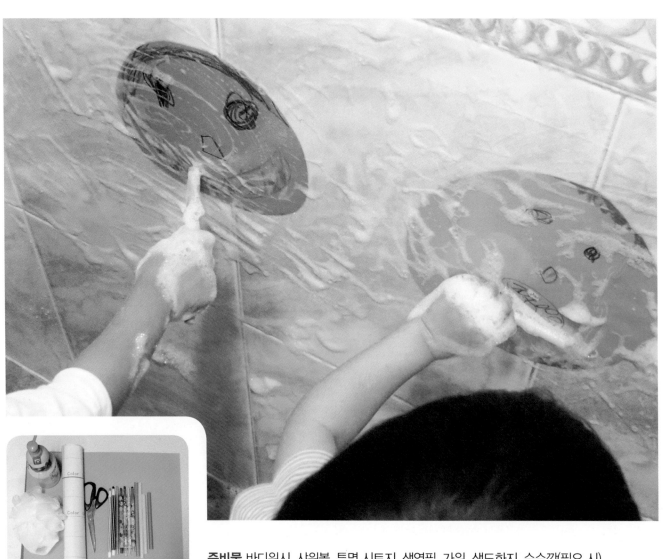

준비물 바디워시, 샤워볼, 투명 시트지, 색연필, 가위, 색도화지, 수수깡(필요 시)

1 색도화지를 동그랗게 오려서 얼굴을 그린다.

2 물기를 닦아놓은 욕실 벽면에 1을 붙이고 투명 시트지를 씌운다.

3 "아빠를 씻기려면 뭐가 필요할까?" 아이가 자유롭게 필요한 도구를 생각하여 씻기도록 한다. (사진은 수수깡으로 면도를 시켜주는 장면)

4 거품이 다 없어질 때까지 깨끗하게 헹궈준다.

응용

거품 목욕 놀이 아이들 거품 목욕을 시키면 몽글몽글한 거품을 쥐었다 폈다 하면서 잘 놀지요? 이때 플라스틱 컵과 아이들 장난감 자동차나 인형도 같이 넣어주세요. 플라스틱 컵 안에 거품을 담으며 아이스크림이라고 하기도 하고, 자동차를 씻겨주며 세차장놀이도 하고, 인형도 씻겨주며 엄마가 돼보기도 하며 상상의 나래를 편답니다. 참! 요즘엔 거품 물감도 오감 놀이에 많이 사용하더라고요. 거품이 들어간 물감인데, 펌핑할 때마다 예쁜 색의 거품이 나와서 목욕 놀이 할 때 사용하면 좋아요.

테이프를 뜯으면 길이 나타나요

수리수리 마수리!
길아! 나타나라!

종이에 마스킹테이프를 먼저 붙여놓고 물감으로 색칠한 다음 테이프를 떼면 멋진 그림이
나타납니다. 테이프를 붙였다 뗀 자리만 하얗게 남아있어서 꼭 길을 낸 것처럼 보이지요.
그걸 본 아이가 "마술이다~ 마술!" 하며 신기해하더라고요. 붓으로 다 칠하려면 힘드니 스
펀지나 뽁뽁이를 이용해주세요. 캔버스에 눈꽃 모양으로 마스킹테이프를 붙여서 파랗게 색
칠한 후 테이프를 떼면 액자로도 손색없습니다.

준비물 전지, 가위, 물감, 테이프, 뽁뽁이, 마스킹테이프

1 바닥에 전지를 고정한 후 마스킹테이프를 자유자재로 붙인다.

2 뽁뽁이를 아이 손 크기에 맞게 잘라서 손에 감싼다.

3 뽁뽁이에 물감을 묻혀 전지에 찍고 문지르며 색칠한다.

4 전지에 붙여둔 마스킹테이프를 뗀다.

자동차 바퀴 그림 전지를 바닥에 고정한 다음 장난감 자동차 바퀴에 물감을 묻혀서 전지 위에 굴려보세요. 구슬을 함께 굴려도 좋아요. 아이가 활동에 싫증을 낸다면, 바퀴 자국을 도로나 기찻길처럼 하여 그 위에 그림을 그려보세요. 자동차도 그리고 건물이나 나무 등을 그리며 동네 풍경으로 확장할 수 있답니다.

TIP 양면테이프 그림도 해보세요

전지에 양면테이프를 겹치지 않게 붙인 다음 붓으로 자유롭게 색칠을 해주세요. 물감이 다 마르면 양면테이프 위의 종이를 떼어내고 그 위에 잘게 오린 색종이를 뿌려서 붙이면 멋진 그림이 완성됩니다. 마스킹테이프 그림과 비슷한 활동이지만, 새로운 재료를 사용해볼 수 있어서 재료에 따른 결과물 비교도 할 수 있고 재료에 친숙해질 수 있어요.

셀로판지는 색채의 마술사

동네 문방구에서 쉽게 구할 수 있는 셀로판지는 간단한 오감 놀이에도 좋고 색채 교육에도 좋습니다. 셀로판지를 구길 때 나는 바스락거리는 소리로 아이들 청각을 자극해주고, 서로 다른 색의 셀로판지를 겹쳐놓으며 색의 혼합에 대해서 알려줄 수 있으니까요. 셀로판지로 안경을 만들어서 주위를 둘러보게 해보세요. 주변이 온통 다른 색으로 보여서 신기해할 때, "으아악! 엄마는 초록 괴물이다!" 하면 자지러진답니다.

준비물 셀로판지, 분무기, 가위, 마스킹테이프

158

1 셀로판지를 얼굴에 대고 집 안을 탐
색한다.

2 셀로판지를 구기며 소리를 탐색한다. "잘 들어봐~ 어떤 소리가 나는지~"

3 셀로판지를 가위로 자르며 촉감을 느껴본다. 스티로폼 공을 셀로판지로 포장
하여 사탕을 만들어도 좋다.

4 욕실 벽에 마스킹테이프로 도형을
만든 다음, 분무기로 물을 뿌려서 셀
로판지를 붙인다.

엄마표 셀로판지 제기 시중에서 파는 제기는 머리 부분이 딱
딱해서 아이가 아파하더라고요. 이럴 때 필요한 것이 바로 엄마표지
요. 셀로판지를 펼쳐서 가운데 솜을 넣고, 솜 부분을 셀로판지로 감
싼 다음 고무줄로 묶어주면 끝! 너무 가볍고 폭신해서 제대로 찰 수
없는데도 엄마표 제기를 더 잘 가지고 놀았답니다.

찢고~ 풀고~ 붙이고~ 신나는 휴지 놀이

오늘은 휴지 한 통을
모두 써보자.

잠깐 조용하다 싶으면 휴지를 다 뽑아서 산더미를 만들어놓고, 줄줄 풀어서 길을 놓고. 아이가 움직이기 시작하면 어느 집이나 겪는 일입니다. 평소엔 치워놓더라도 한 번씩 날 잡아서 휴지 놀이를 해보세요. 휴지를 신나게 풀고, 뭉치고, 던지고, 모양 만들고, 찢고, 붙이면서 손의 감각과 대근육·소근육이 발달하고, 스트레스도 풀린답니다. 즐겁게 논 다음 미술 활동까지 연결할 수 있으니 아까워하지 마세요~

준비물 휴지, 투명 시트지, 사인펜, 매직펜

160

1 휴지를 작게 찢기도 하고, 풀어서 모양을 만들며 자유롭게 탐색한다.

2 매직펜으로 휴지를 콕콕 찍으며 색이 번지는 모습을 관찰한다.

3 투명 시트지에 그림을 그린 다음 종이를 뗀다.

4 시트지의 접착면에 휴지를 붙인 다음 뒤집어서 그림을 완성한다.

응용

버섯집 만들기 휴지심으로 할 수 있는 활동이 참 많아요. 길이, 두께, 각도를 다양하게 오리거나 세모, 네모, 하트 등으로 모양을 변형시켜서 물감 찍기 놀이도 많이 하고요. 색종이로 지붕을 만들어서 휴지심에 얹고 물감이나 색종이로 휴지심을 꾸며주면 이렇게 깜찍한 버섯집을 만들 수 있답니다. 재활용 작품을 만들 때도 쓸모가 많은 휴지심, 버리지 말고 꼭 모아두세요~

채소 가득 달걀말이

휙휙~ 달걀흰자와
노른자를 섞어보자~

요리 활동은 재료를 함께 준비하고, 탐색하고, 조리하는 모든 과정이 아이들 오감 발달에
정말 좋아요. 특별한 재료가 아니라도 괜찮습니다. 집에 있는 재료로 아이들 반찬으로도 좋
은 달걀말이를 만들어보세요. 다양한 채소도 썰어보고, 달걀도 풀어볼 수 있어서 아이들이
좋아합니다. 아이에게 달걀을 주면 던지고 장난칠 것 같지요? 엄마가 달걀로 요리하는 모
습을 보여주면 달걀로 장난치는 일은 거의 없답니다.

준비물 달걀, 집에 있는 채소, 그릇, 거품기, 빵칼, 숟가락, 도마

1 큰 그릇에 달걀을 깨트려서 거품기로 풀어준다.

2 빵칼로 채소를 잘게 썬다. 파프리카, 브로콜리와 같이 아이가 쉽게 자를 수 있는 것으로 준비한다.

3 달걀에 채소를 넣는다.

4 엄마가 달걀말이를 하고, 아이는 맛있게 먹는다.

TIP 익숙해지면 안전 요리칼로 바꿔보세요

어린아이들이나 처음 요리 놀이를 하는 아이들은 케이크에 들어있는 플라스틱 빵칼로 재료를 썰어보게 해주세요. 재료를 써는 데 익숙해지면 어린이용 안전 요리칼로 바꿔주세요. 안전 요리칼은 인터넷으로 구입할 수 있습니다.

응용

달걀 껍데기 색칠하기 달걀 껍데기는 버리지 말고 잘 씻어서 바짝 말려주세요. 껍데기 안쪽에 붓으로 물감을 바른 다음 다시 말려주세요. 채색된 달걀 껍데기를 잘게 부수어서 그림에 붙이면 독특한 질감의 모자이크 그림이 완성됩니다.

자연물로 그린 멋진 내 몸

나뭇잎으로 우리 몸을 만들어보자!

나뭇잎, 나뭇가지, 돌멩이 등 자연에서 얻을 수 있는 재료도 크레파스, 물감 못지않은 미술 재료입니다. 아이가 전지 위에 누운 상태에서 다른 아이가 몸을 따라 자연물을 놓게 해보세요. 외동아이라면 엄마가 아이 몸의 윤곽을 그려준 후 아이가 자연물을 놓으면 됩니다. 아이가 마음껏 상상을 펼 수 있도록 "어? 지금 배 위로 다람쥐가 뛰어갔어!", "저기 새들이 날아오네." 하며 표현해주세요. 우리 아이는 "엄마~ 나 숲 속에 있는 것 같아."라며 좋아했답니다.

준비물 전지, 자연물(나뭇잎, 나뭇가지, 돌멩이 등), 테이프

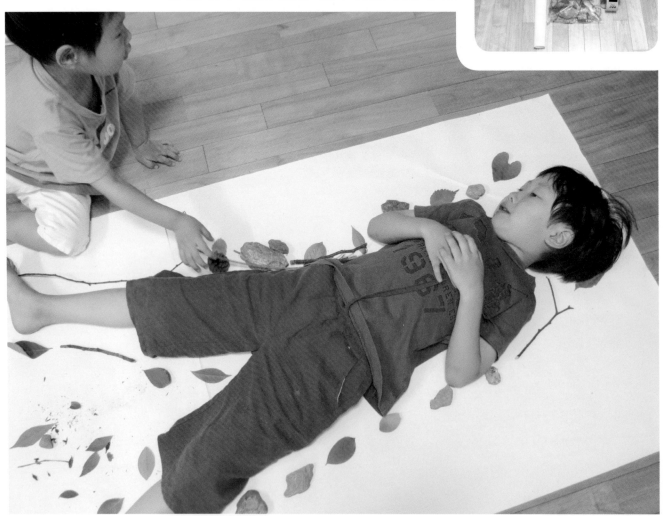

1 전지를 바닥에 붙인다. 아이가 누웠다 일어났다를 반복할 수 있으니 찢어지지 않게 잘 붙이도록 한다.

2 준비한 자연물을 탐색한다.

3 자연물을 이용해 좋아하는 동물을 만들어본다.

4 자연물로 몸을 표현해본다. 누운 상태에서 하거나 윤곽선을 그리고 하면 된다.

TIP 놀이할 땐 편견 없이

어린이집 아이들과도 이 활동을 해본 적이 있어요. 유난히 산만한 남자아이가 있었는데, 돗자리에 한참을 누워있던 아이가 "선생님, 기분 좋아요"라고 표현했답니다. '우리 아이는 산만해서 재미없어할 거야.'라고 지레짐작하지 말고 한번 해보세요. 아이의 다른 모습을 발견할 수 있을 거예요.

응용

인체 데칼코마니 전지에 아이를 눕힌 후 아이 몸의 절반만 물감으로 윤곽선을 그려주세요. 아이를 일어나게 한 다음 전지를 반으로 접었다 펼치면 인체 데칼코마니가 만들어져요. 물감이 다 마르면 매직, 크레파스, 사인펜 등을 이용하여 몸을 완성하면 됩니다.

가루야 가루야 밀가루야

밀가루를 만지면
어떤 느낌일까?

밀가루 놀이는 뒤처리 걱정 때문에 잘 안 하게 되지요. 하지만 반죽 놀이와는 또 다른 즐거움을 줄 수 있어요. "오늘은 정말 즐거운 날이야!" 놀이가 끝나고 둘째가 했던 말이에요. 다른 아이들도 비슷하겠지요? 지저분해지면 대청소 한번 하면 됩니다. 가루 전문 놀이터처럼 밀가루를 만져보고, 발가락 사이사이로 촉감을 느껴보게 해주세요. 모래 놀이 도구나 주방 놀이 도구를 이용해도 좋고, 부엌에서 쓰는 도구도 자유롭게 사용할 수 있게 해주세요.

준비물 바닥에 깔 큰 비닐, 그릇, 체, 밀가루, 테이프

1 밀가루를 그릇에 담아 준비한다. 여
분의 그릇을 준비하여 옮기기 놀이
도 해볼 수 있게 한다.

2 밀가루를 체로 쳐본다. 체를 여러 개
주면 구멍 크기에 따라 어떻게 다른
지 비교해볼 수 있다.

3 콩과 밀가루를 섞어보며 논다. 체로 쳐서 밀가루만 빠져나가는 것을 관찰한다.

4 발로 콩과 밀가루를 탐색해본다.

응용

밀가루 얼굴 위의 활동에 썼던 밀가루는 버리지 말고 반죽해주
세요. 거울로 자신의 얼굴을 관찰하거나 엄마 얼굴을 관찰합니다. 그
런 다음 밀가루 반죽으로 얼굴 모양을 만들어보세요. 얼굴을 다른 색
으로 표현하고 싶다면 밀가루 반죽에 물감을 섞으면 됩니다. 여러 가
지 꾸미기 재료로 눈코입을 만들어주면 밀가루 얼굴 완성~ 참! 아이
들이 활동한 밀가루로 수제비를 만드는 분도 간혹 봤어요. 위생상 좋
지 않으니 요리 놀이가 아닌, 미술 놀이나 오감 놀이로 사용해주세
요.

채소 나라, 채소 인형

이쑤시개로 콕콕
찍어서 연결해봐~

채소나 과일을 잘라서 단면을 찍어보고, 평면으로 다양한 모양을 구성해봤다면 이제 이쑤시개로 연결하여 입체 모형으로 만들어보세요. 이쑤시개를 꽂는 것이 아이들에게 어려울 수 있습니다. 먼저 점토를 둥글게 빚어서 연습한 후, 토마토, 호박, 귤 등의 무른 재료로 시작해보세요. 손에 힘이 어느 정도 생기고 이쑤시개 꽂기에 익숙해지면 엄마의 도움 없이도 즐겁게 입체 모형을 만들 수 있습니다.

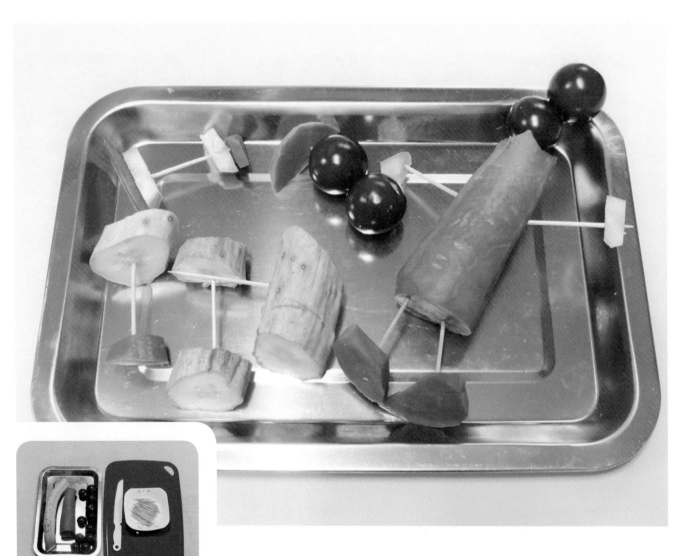

준비물 오이, 당근, 토마토, 빵칼, 이쑤시개, 도마

1 재료를 탐색한다. 아이가 먹어 볼 수 있으니 깨끗이 씻어 준비해야 한다.

2 빵칼을 이용해 재료를 썰어본다.

3 자른 재료를 평면으로 자유롭게 구성한다.

4 재료들을 이쑤시개로 연결하여 입체 모형을 만든다. 단단한 재료를 연결할 때는 엄마가 도와주도록 한다.

응용

꼬마 아르침볼도 이탈리아의 화가 아르침볼도는 과일, 채소, 꽃 등의 다양한 식물을 이용해 초상화를 그린 것으로 유명하지요. 아르침볼도의 명화를 아이들에게 보여주고 나서, 집에 있는 음식 재료와 모형들을 이용해 명화 따라 하기를 해보세요. 명화 감상만 하고 끝내기보다 후속 활동을 하게 되면 작품도 더 오래 기억에 남고 표현 능력과 감상 능력도 자란답니다.

초등 생활의 주춧돌이 되어주는

한글 놀이

"아이가 아직 한글을 못 읽어요.", "한글을 어떻게 가르쳐야 할지 모르겠어요." 어린이집에서 학부모 상담을 할 때 어머님들에게 많이 들었던 말입니다. 아이들 한글 교육이 가장 힘들고 어렵다고 하시더라고요. 간판 읽어주는 것부터 시작해보라고 말씀드리면 "밖에 나가면 아이 손잡고 다니는 것도 힘들어서 간판 읽어주는 건 상상도 못 해요."라는 말이 돌아왔습니다. 저도 두 아이를 낳고 기르다 보니, 그 심정을 뒤늦게 공감하게 되었어요. 둘째가 어릴 때는, 저 역시도 첫째에게 간판을 못 읽어줬으니까요.

그렇다고 초등학교 가서 배우면 되겠지, 하며 마냥 느긋할 수도 없습니다. 한글을 어느 정도 떼고 입학해야 아이가 수업을 따라갈 수 있는 것이 현실입니다. 하지만 너무 조급해할 필요는 없어요. 한글에 흥미만 보이면 몇 개월 안에 쉽게 뗄 수 있습니다. 집 곳곳에 한글이 쓰여진 물건과 책이 있고, 바깥에 나가면 간판, 교통 표지판, 광고지를 스쳐 가며 한글에 자연스럽게 노출되고 있잖아요. 거기에 하루 10분 정도만 한글 놀이를 해준다면, 학습지의 도움을 받지 않아도 초등학교 입학 전에 한글을 뗄 수 있습니다. 읽기 독립까지도 가능하지요. 본격적으로 한글 놀이를 시작하기 전에 제가 했던 몇 가지 팁을 알려드릴게요.

언제 어디서나 글자를 써서 보여주기

에어컨, 냉장고, 화장대 거울, 장롱 등 집안 곳곳에 종이컵을 붙이고, 그 안에 포스트잇과 매직펜을 넣어두세요. 아이가 글자를 물어볼 때나 글자를 알려줘야 할 때 바로바로 글자를 써서 보여주세요. 정해진 단어 카드로만 하는 것보다, 그때그때 필요한 단어를 익히게 되어 효과적입니다.

이름을 붙여보기

그림이나 요리와 같이 결과물이 나오는 놀이 후에는, 나만의 이름을 붙여보도록 합니다. 간단한 단어나 문장이라도 글을 짓고, 써보는 과정을 해볼 수 있어서 좋아요. 성취감도 더욱 느낄 수 있답니다.

틀린 글자는 비교하면서 설명해주기!

쓰기는 읽기와는 또 다른 영역입니다. 한글을 곧잘 읽더라도, 쓸 때는 틀린 글자가 많이 나올 거예요. 틀렸다고 해서 "틀렸어. 다시 써!" 하기보다는 "받침에 '이응'을 적어야 '동'이 되는 거야. 이렇게 쓰면 '돈'이라고 읽어."라고 하며 잘못된 부분을 아이가 이해할 수 있게 설명해주세요.

우리 집 보물찾기

종이에 적힌 물건을 찾아올래?

집에 있는 물건으로 할 수 있어서 준비물이 아주 간단해요. 물건 이름을 적어놓은 색종이를 하나 뽑아서 그 물건을 찾아오는 놀이입니다. 글자를 모르는 아이라면 엄마가 읽어주고, 어떤 물건인지 모른다면 어디에서 사용하는 물건인지 힌트를 주면 됩니다. 물건마다 고유한 이름이 있고 사용하는 장소가 다르다는 것을 놀이로 알려줄 수 있어요. 집 안에서 사용하는 물건에 대해 활동 전에 이야기를 나눠봐도 좋아요.

준비물 바구니, 색종이, 매직펜

1 색종이에 물건 이름을 적은 다음 접어서 바구니에 넣는다.

2 눈을 감고 종이 한 장을 뽑는다.

3 색종이에 어떤 단어가 적혀있는지 눈으로만 본다.

4 물건을 찾아서 종이와 함께 놓는다.

 응용

심부름 놀이 색종이에 모양 스티커를 붙여주세요. 아이가 바구니에서 색종이를 뽑으면, 엄마는 색종이에 붙은 도형 개수에 따라 "딱풀 6개!" 하는 식으로 찾아올 물건을 지정해주면 됩니다. 사물을 인지하고 찾는 것뿐만 아니라, 수를 기억하고 세는 것까지 해볼 수 있어요.

큰 글자, 작은 글자

신문 글씨 크기가
똑같지 않네?

한글을 뗀 유아들은 NIE, 즉 신문 활용 교육을 시작할 수 있습니다. 교육이라고 해서 거창한 것은 아니고, 신문을 충분히 탐색하면서 가지고 노는 것으로 시작하면 됩니다. "엄마랑 누가 먼저 큰 글씨를 찾나 시합해볼까? 시작!" 이런 식으로요. 아이가 신문에 친숙해지면 주제를 하나씩 정해서 활동하면 됩니다. NIE 활동을 꾸준히 하다 보면 지식도 습득할 수 있고, 논리력도 키울 수 있어요.

준비물 신문지, 종이, 색연필, 가위, 풀

1 신문을 찢고 오리면서 충분히 탐색한다.

2 알고 있는 단어에 색칠해본다.

3 큰 글자와 작은 글자를 구분해보고 오려낸다.

4 색도화지에 2에서 오린 것을 붙인다.

신문지 탁구공 옮기기 신문지를 막대처럼 길게 말아서 테이프로 고정해주세요. 신문지 막대 사이에 탁구공을 올려놓고 반대편 바구니까지 떨어트리지 않고 먼저 도착하는 사람이 이기는 놀이입니다. 지루해지면 신문지 막대를 던져서 바구니에 넣어보는 신문지 투호 놀이로 연결해주세요. 거리 조절만 해주면 어린아이들도 재미있게 할 수 있는 활동입니다.

너는 나의 색깔 짝꿍

노란색은
어디 있나~♬
여기~

색깔 종이컵 바닥에 색이름을 적어놓고 〈눈은 어디 있나〉 노래의 가사를 바꿔 부르며 색깔을 찾게 해보세요. 아이가 글자에 호기심을 보이지 않는다면, 종이컵에 쓰인 글자를 따로 읽어주지 말고 자연스럽게 노출해주세요. "이거 읽어보자." 하면 학습이라는 생각에 금세 흥미를 잃어버린답니다. 일상이나 놀이를 통해 통글자를 접한 아이들은 자음, 모음을 따로 배우지 않아도 쉽게 한글을 뗄 수 있어요.

준비물 색깔 종이컵, 흰 종이컵, 매직펜, 레고 블록

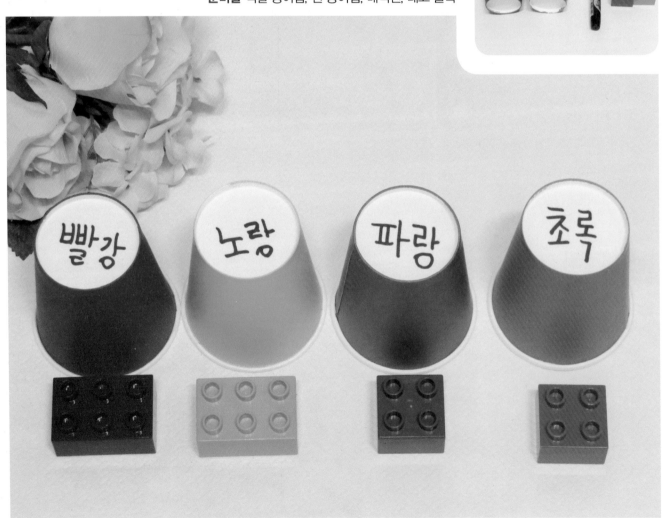

1 "○○색은 어디 있나~♬" 노래하며 색깔을 부르면 아이가 종이컵을 골라서 높이 든다.

2 종이컵과 같은 색깔의 블록을 찾아 온다.

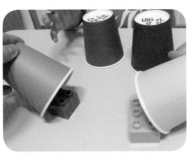

3 종이컵에 같은 색깔의 블록을 넣는다.

4 글씨를 읽을 줄 알면 흰 종이컵에 색 이름을 적어놓고, 블록을 넣는다.

응용

같은 색 찾아오기 앞에서 사용한 흰 종이컵으로 더 놀 수 있어요. 색이름이 보이지 않게 놓고 섞어서 종이컵을 고르게 해보세요. 종이컵을 뒤집어서 나온 색깔의 물건을 집 안에서 찾아오는 놀이입니다. 글자를 아직 못 읽는다면 종이컵 바닥에 색이름 대신 색을 칠해놓거나 색깔 스티커를 붙여두세요.

웃는 도깨비 우는 도깨비

왜 울지 않고 말로 해야 할까?

네다섯 살 무렵의 아이들은 자기의 생각과 감정을 말로 잘 표현하지 못하고 울음으로 표현할 때가 많아요. 누구나 겪고 지나가는 일이지만, 심하게 울거나 울음이 잦아진다면 도깨비를 만들어서 이야기를 들려주세요. "도깨비가 우리 집에 찾아와서 이야기를 들려줄 거래. 들어봐~" 내용은 자유롭게 꾸며서 하되, '하고 싶은 말을 울지 않고 해야 상대방이 이해할 수 있고 문제도 해결할 수 있다'는 내용이 들어가면 됩니다.

준비물 서류 봉투, 가위, 풀, 신문지, 색종이, 끈, 쿠킹 포일 심(또는 키친타올 심)

178

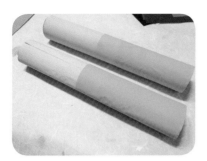

1 쿠킹 포일 심을 색종이로 예쁘게 꾸민다.

2 서류 봉투에 웃는 도깨비, 우는 도깨비 얼굴을 만들어 붙인다.

TIP 함께 읽어요

표현 방법이 서툴러서 울음을 먼저 터트리는 아이들에게 〈울지 말고 말하렴〉을 추천합니다. 울기만 하는 주인공과 적절한 말로 처한 상황을 해결하는 친구의 모습을 보며 아이 스스로 어떻게 하는 게 좋을지 깨닫게 해주는 동화랍니다.

3 봉투 안에 신문지를 넣어 얼굴을 입체적으로 만든다.

4 쿠킹 포일 심과 도깨비 얼굴을 연결하고 아이들에게 재밌게 동화를 들려준다. 엄마가 들려주는 동화를 계속 듣고 싶어 한다면 녹음해놓는 게 좋다.

응용

뱀이다~~! 쿠킹 포일 심을 호일, 색종이, 포장지, 골판지 등으로 감싼 다음 단추, 뿅뿅이, 스팽글 등을 이용해 뱀을 꾸며주세요. 뱀의 혀는 모루를 사용했는데 모루가 없다면 끈, 종이를 길게 잘라 붙여요. 꾸미기 재료를 붙일 때는 목공풀이나 글루건을 이용해 붙여주세요.

내 몸에 대해 알고 싶어요

우리 몸에는
어떤 이름들이 있을까?

아이가 6개월이 좀 넘으면 눈, 코, 입하면서 몸의 각 부분에 대한 이름을 알려주기 시작하죠. 평소 노래를 부르며 몸에 대해 알아봤다면 조금 확장을 해보세요. 전지에 누워서 몸의 윤곽을 그려놓고 각 부분을 그려봐도 되고, 견출지에 몸 이름을 적어서 엄마, 아빠에게 붙이는 활동도 할 수 있어요. 몸에 대해 알아보는 시간을 가지면서, 우리 몸을 왜 소중하게 해야 하는지도 같이 알려주세요.

준비물 잡지, 볼펜, 견출지

1 전신 거울 앞에서 몸의 각 부위를 가리키며 이름을 말해본다.

2 견출지에 우리 몸 이름을 적는다.

3 얼굴 사진에 눈, 코, 입 등의 견출지를 붙인다.

4 전신 사진에 팔, 손, 발 등의 견출지를 붙인다.

응용

어디 있을까? 아직 글자를 못 읽는 아이들과 놀이할 때는 방법을 바꿔주시면 됩니다. "눈은 어디 있을까?", "색연필을 잡을 수 있는 손은 어디에 있지?"라고 질문을 하면, 아이가 잡지 사진에서 알맞은 부분을 찾아 동그라미를 치거나 스티커를 붙여보게 하는 식으로 하면 간단하게 할 수 있어요. 엄마 혹은 형제자매와 마주 보고 앉아서 상대방의 눈은 어디 있는지, 코는 어디 있는지 번갈아가며 찾아보는 활동도 재미있어요.

내 이름은

소개를 정말
잘하는구나!

사람은 누구나 이름이 있고, 좋아하는 색깔, 음식 등이 모두 다르다는 걸 알려주세요. 엄마가 먼저 "내 이름은 ○○○야." 하며 가족들에게 자기를 소개한 다음, 아이가 자신에 대해 써보고 가족들 앞에서 소개해보게 합니다. 평소보다 목소리가 작아지고 몸을 꼬며 부끄러워하더라도 용기를 내준 아이에게 칭찬과 격려를 해주세요. 그래야 아이가 자신감을 갖게 되고, 점점 더 발표력이 좋아진답니다.

준비물 색도화지, 이름 프린트, 붓, 가위, 물감, 풀, 일회용 접시, 매직펜

1 이름을 붓으로 따라 쓸 수 있도록 프린트물을 준비한다.

2 준비한 프린트물에 붓으로 이름을 쓴다.

3 이름 부분을 가위로 오려서 색도화지에 붙인다.

4 "좋아하는 채소는 뭐야?" 좋아하는 채소, 음식, 동물, 색깔, 가고 싶은 나라, 선물 받고 싶은 장난감 등을 엄마가 물어보고 아이가 적도록 한다.

응용

나만의 단어장 생일 선물로 받고 싶은 물건을 종이에 적어봅니다. 아이가 직접 쓸 수 있으면 직접 하는 게 좋겠지요. 이제 표지도 만들고 구멍을 뚫어서 고리를 끼우면 나만의 단어장이 만들어집니다. 가고 싶은 나라, 좋아하는 친구 등 다양한 주제에 따라 단어장을 만들어보세요. 아이의 생각도 알 수 있고, 새로운 이야깃거리를 줄 수 있어요.

감사의 마음을 표현해요

아이들이 글씨 쓰기에 흥미를 갖게 되면 제일 먼저 하는 일이 친구, 선생님에게 편지 쓰는 일입니다. 어린이집 가방을 열어보면 항상 친구에게 줄 편지, 받아온 편지가 있더라고요. 평소에 색종이나 A4용지에 편지를 썼다면, 특별한 날엔 조금 더 마음을 담을 수 있게 감사 카드를 같이 만들어보세요. 감사하는 마음이 언제 드는지, 감사하다는 표현은 어떻게 하는 지 등을 이야기해보면 더욱 의미 있는 활동이 됩니다.

준비물 습자지, 색도화지, 도일리페이퍼, 풀, 사인펜, 스테이플러, 핑킹가위, 꾸미기 재료

1 습자지 10~15장 정도를 겹쳐서 스테이플러로 고정한 다음 핑킹가위로 동그랗게 오린다.

2 습자지를 한 장씩 위로 올리면서 구겨서 카네이션을 만든다. 카네이션 2개를 앞뒤로 붙여준 다음 낚싯줄에 연결해서 방문이나 거실 천장에 걸면 멋진 모빌로도 활용할 수 있다.

3 색도화지를 적당한 크기로 오려서 접은 후 도일리페이퍼와 카네이션을 붙인다.

4 카드 안쪽에 편지를 쓰고 집에 있는 재료를 이용해 카드를 예쁘게 꾸며준다.

응용

친구에게 편지 쓰기 좋아하는 캐릭터 편지지를 프린트해서 친구에게 고마운 마음, 사랑하는 마음을 표현해볼 수 있게 해주세요. 멀리 계시는 할머니 할아버지께 편지를 써보는 시간도 아이에게 소중한 경험이 됩니다. 편지를 다 쓴 다음 캐릭터 모양대로 편지지를 오리거나 종이접기로 편지지를 예쁘게 접어주면 더 좋아요.

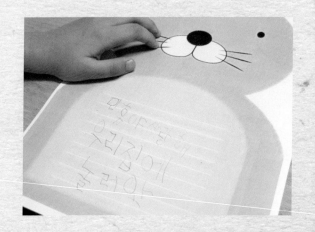

쌍둥이 카드를 찾자!

쌍둥이야~
어디 어디 숨었니~

같은 그림을 찾는 메모리게임 카드나 유아용 게임 어플이 시중에 많이 있는데, 집에서도 만들 수 있어요. 글자를 모를 땐 그림으로, 글자를 어느 정도 읽을 수 있으면 단어로, 더 능숙해지면 문장으로 아이의 한글 수준에 맞게 바꿔가면서 활동할 수 있습니다. 처음에는 엄마가 카드를 만들어주다가, 아이가 글자 쓰기에 흥미를 보이면 직접 카드를 만들어보게 하세요. 쓰기 연습뿐 아니라, 기억력 발달에 도움이 되는 활동입니다.

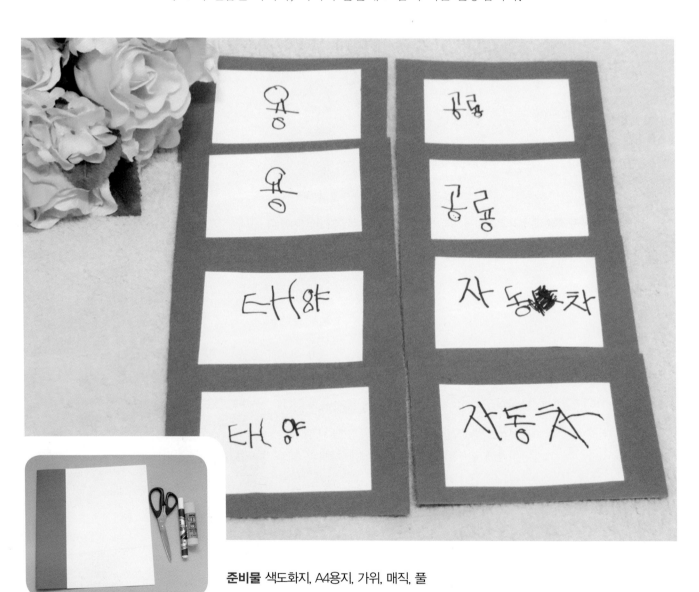

준비물 색도화지, A4용지, 가위, 매직, 풀

186

1 A4용지를 4등분이나 6등분으로 자르고, 색도화지를 그보다 조금 더 크게 잘라서 붙인다.

2 카드에 같은 단어를 2개씩 쓴다. 아이가 좋아하는 장난감 등 주제를 가지고 써도 좋다.

3 카드를 섞은 후 글자가 안 보이게 뒤집어놓는다.

4 2장을 뒤집어서 짝이 맞으면 성공! 실패하면 원래 자리에 글자가 안 보이게 다시 뒤집어놓는다. 처음에는 8장 정도로 시작하고 서서히 개수를 늘린다.

과자 이름 찾기 과자 상자를 두 개씩을 모아두세요. 과자 상자에 있는 과자 이름을 오려서 위와 같은 방법으로 카드를 만들면, 과자 이름 찾기 게임을 할 수 있어요. 인터넷에서 독특한 상표를 찾아서 하는 것도 좋은 방법입니다. 저희 첫째는 자동차를 좋아해서, 자동차 엠블럼으로 활동했답니다. 좋아하는 것으로 흥미를 끌어주니, 더욱 재미있게 활동할 수 있었어요.

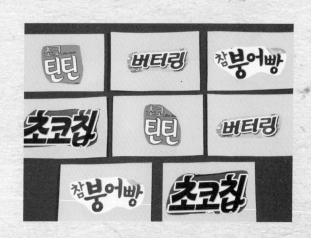

이번 역은 서울역~ 서울역~

지하철을 타고
어디를 가봤니?

지하철놀이는 역 이름을 읽고, 역 이름을 써보고, 안내 방송을 하며 말하기까지 할 수 있어서 언어 활동으로 좋아요. "롯데월드에 가려면 잠실역에서 내려야 해. 어디 있는지 찾아보자."라고 하며 역을 찾아보고, 지하철놀이를 하며 "다음 내리실 곳은 여의도, 여의도역입니다." 하며 안내 방송을 해보세요. 아이가 비행기에 관심이 많다면 나라 이름으로 바꾸고, 버스를 좋아하면 버스 정류장 이름을 적어놓고 하면 됩니다.

준비물 장난감 자동차(탈 수 있는 붕붕카 종류), 지하철 노선도, 테이프, 매직펜, 형광펜, 색종이

1 지하철 노선도를 보면서 가고 싶은 곳, 가봤던 곳을 표시해본다. 아이가 역 이름을 모르면 엄마가 알려준다.

2 색종이에 지하철역 이름을 적는다.

3 집 안 곳곳에 2의 색종이를 붙인다.

4 장난감 자동차를 타고 집 안을 돌아다니며 지하철 역할놀이를 한다.

세차장놀이 세차장이 어떤 곳인지 아이와 이야기를 나누고, 아이가 자신의 장난감 자동차를 세차할 수 있도록 해주세요. 세차하는 과정을 알려주기보다는 아이가 경험을 떠올리거나 세차 방법을 유추하면서 스스로 해보는 게 중요합니다. 엄마의 역할은 놀이에 필요하다고 하는 것을 적극적으로 준비해주는 것뿐!

책이 어디에 있을까?

이 책을 책장에서 찾아와볼까?

엄마가 적어둔 책 제목을 보고 아이가 직접 책을 찾아오는 활동입니다. 아이가 읽기 독립하기 전, 간단한 문장을 읽기 시작했을 때 하면 좋답니다. 아이가 잘 모르는 책으로 하게 되면 활동에 흥미를 잃을 수 있으니 좋아하는 책으로 해주세요. 평소 책을 읽어줄 때 내용만 읽어주기보다는 책의 표지를 함께 보며 제목도 읽어주세요. 제목과 표지의 그림으로 내용을 상상해볼 수 있고, 더 잘 이해할 수 있으니까요.

준비물 종이, 매직펜

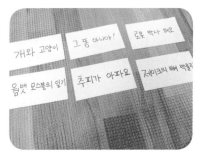

1 엄마가 종이에 책 제목을 적어놓는다.

2 아이가 책 제목을 보고 책장에서 책을 찾아본다.

3 책을 가지고 와서 책 위에 종이를 올려놓는다.

4 틀린 책을 가지고 오면 다시 찾아보게 하거나 책의 위치, 표지 색상 등의 힌트를 준다.

책 울타리 아기 때부터 책을 장난감처럼 가지고 노는 아이는 커서도 책을 좋아한다고 해요. 저도 두 아이 모두 돌 전부터 보드북을 가지고 놀게 해줬답니다. 책을 펼쳐서 울타리를 쳐도 되고, 책 높이 쌓기, 도미노처럼 세워보기, 책 징검다리 등 다양한 활동을 통해 책을 친근하고 재미있게 느끼도록 해주세요.

단어가 비치볼 속에 둥둥~

아이스 음료의 투명한 컵 뚜껑으로 비치볼 단어를 만들어서 글자 놀이를 하는 활동입니다. 한글에 이제 막 흥미를 갖게 된 아이에게 비치볼 단어를 보여주며 큰 소리로 읽어주세요. 아이가 글자와 소리를 동시에 보고 들을 수 있게 하는 것입니다. 글씨를 읽을 수 있다면 공 안의 단어를 보고 문장 만들기 놀이를 해보세요. '공'이라는 단어를 골랐다면 "공을 가지고 놀이터에서 놀았어요." 이렇게 놀다 보면 문장력도 늘어납니다.

와~ 글자가 물에
둥둥 떠있어!

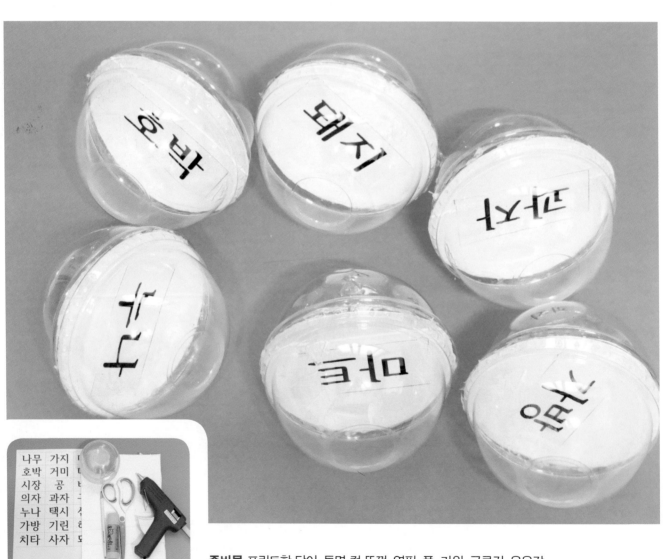

나무	가지
호박	거미
시장	공
의자	과자
누나	택시
가방	기린
치타	사자

준비물 프린트한 단어, 투명 컵 뚜껑, 연필, 풀, 가위, 글루건, 우유갑

1 우유갑을 펼쳐서 투명 컵 뚜껑과 같은 크기의 동그라미로 오린 다음 앞 뒤에 프린트한 단어를 붙인다.

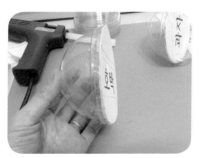

2 투명 컵 뚜껑에 글루건으로 1의 단어 카드를 붙인다. 투명 컵 뚜껑을 하나 더 붙여서 공 모양으로 만든다.

3 엄마가 읽어주는 단어를 잘 들으며 비치볼 단어를 본다.

4 비치볼 단어카드를 목욕통에 띄워놓고 놀며 글자와 친해지도록 한다.

TIP 또박또박 말해주세요

어린 연령 아이에게 단어를 말해줄 때는 한 글자씩 또박또박 읽어주세요. 아이가 엄마의 입 모양을 보게 한 다음 말해주면 더 좋아요. 정확한 발음을 듣다 보면 청각 발달과 함께 언어 자극을 받을 수 있어요.

응용

단어 낚시 우유갑을 물고기 모양으로 오려서 유성펜으로 단어를 적어주세요. 그다음 물에 넣고 낚시를 하면 됩니다. 싱크대나 세면대, 욕조에서 하면 뒷정리가 훨씬 쉽겠지요. 놀이를 시작할 때는 단어를 읽어주면서 어디 있는지 찾아보라고 했고, 익숙해졌을 때는 "우리 어제 어디 다녀왔지?", "곰은 어떤 생선을 좋아할까?"와 같이 질문하고 아이가 알맞은 단어를 찾아보게 했어요. 한글을 익힐 뿐 아니라, 문제를 이해하고 답을 찾는 과정을 경험해볼 수 있어서 좋아요.

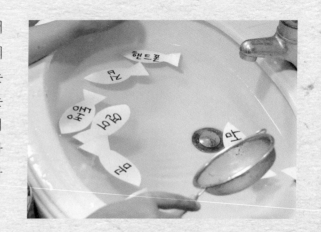

내가 만든 동요 가사판

요즘 무슨 노래 좋아해?

아이가 좋아하는 노래로 동요 가사판을 만들어보세요. 가사를 출력해서 노래를 함께 부른 후, 소절이나 어절 단위로 가사를 오려 붙여서 가사판을 만들면 됩니다. 아이가 글자 쓰기에 흥미가 있다면 노래 가사를 직접 써보게 해도 좋아요. 글자를 틀릴 때마다 바로잡아주기보다는 다 쓴 후 전체적으로 같이 읽어보면서 간단히 알려주세요. 틀린 글자보다 잘 쓴 글자들을 더 많이 칭찬해주는 게 효과가 좋답니다.

준비물 색도화지, 프린트한 동요 가사, 풀, 색연필, 가위

194

1 프린트한 동요 가사를 보면서 엄마랑 같이 노래를 부른다.

2 엄마가 동요 속 단어를 말하면 그 단어를 색칠한다.

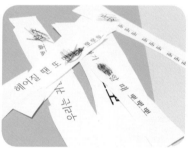

3 가사를 한 소절씩 오린다. 띄어쓰기에 따라 어절로 오려도 좋다.

4 오려낸 가사를 제목부터 한 줄 한 줄 색도화지에 붙여 가사판을 만든다.

응용

동요 가사 채우기 동요를 부르고 문장을 오려 붙여봤다면, 또 다른 활동으로 동요 가사의 빈칸을 채워보게 하세요. 아이가 잘 모른다고 하는 부분을 그냥 알려주기보다는 엄마와 같이 노래를 부르며 가사를 스스로 생각할 수 있게 하는 것이 두뇌 발달에도 좋아요. 그래도 기억나지 않으면 힌트를 살짝 주세요.

동물 기차가 달려갑니다!

한글에 흥미를 보일 때 많이 알려주게 되는 단어가 동물이지요. 아이들이 좋아하는 기차와 동물을 이용해 한글 놀이를 해보세요. 알록달록한 색종이로 기차 칸을 만들고 칸마다 어떤 동물을 태울지 정해서 태우는 거예요. 글자 쓰기에 흥미를 갖게 할 수 있고, 한글과 동물 그림의 짝을 맞추며 동물마다 정해진 자리에 타야 한다는 규칙도 지킬 수 있습니다. 공룡, 과일, 채소 등 다양한 주제로 재미있게 활동해보세요.

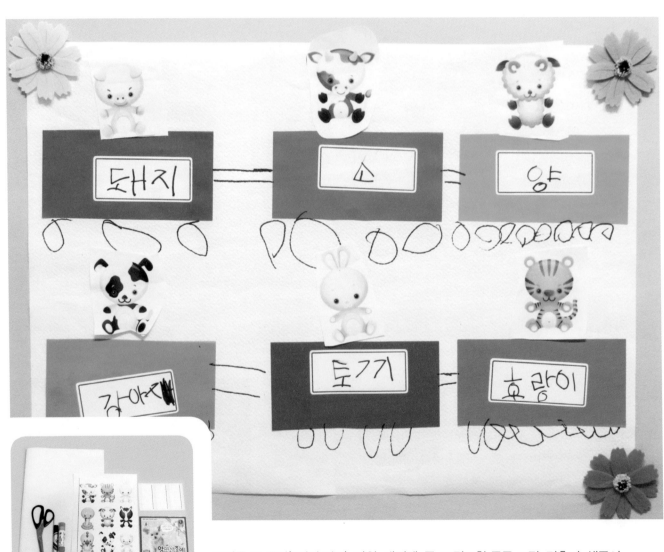

준비물 큰 종이(4절지 정도), 가위, 매직펜, 풀, 프린트한 동물 그림, 견출지, 색종이

1 프린트한 동물 그림을 오려놓는다.

2 큰 종이에 색종이를 반씩 잘라서 붙이고 매직으로 기차 그림을 완성한다.

3 기차 한 칸에 견출지를 하나씩 붙인 다음 동물 이름을 적는다.

4 견출지에 적힌 동물 이름을 보고 1의 동물들을 붙여준다.

응용

동물 종이컵 인형 종이컵 바닥에 구멍을 뚫어 다 쓴 샤프식 색연필을 꽂아주세요. 색연필은 글루건을 듬뿍 쏘아서 단단히 고정합니다. 동물 그림을 오린 후 종이 상자에 붙여서 다시 오려주세요. 그다음 색연필에 붙이면 동물 종이컵 인형이 완성됩니다. 견출지에 동물 이름을 적어서 붙이면 한글 노출도 할 수 있답니다. 블록으로 동물원을 만들어서 역할놀이도 해보세요.

지글지글~ 신나는 요리 시간

아빠가 좋아하는
음식을 만들어보자!

소꿉놀이를 좋아하는 아이라면 음식 모형으로 한글 단어를 노출해주세요. 좋아하는 놀이를 하면서 자연스럽게 한글에 익숙해질 수 있답니다. 음식 모형이 없더라도 살 필요는 없어요. 음식 모형 대신 블록이나 우유갑에 재료 이름과 사진을 붙여놓고 하면 됩니다. 음식을 만들며 역할놀이를 하는 과정에서 언어 능력은 물론이고 사회성, 인지 능력 등이 발달합니다.

준비물 프라이팬, 음식 모형, 조리 도구, 견출지, 매직펜, 가위

1 어떤 음식을 만들지 생각해보고 견출지에 재료 이름을 적는다.

2 엄마가 1의 재료 이름을 크게 읽어주고, 아이는 글자를 찾아본다.

3 음식 모형에 이름이 적힌 견출지를 찾아 붙인다.

4 프라이팬에 하나씩 넣으면서 요리 놀이를 한다.

응용

단어로 음식 만들기 한 번은 종이에 카레 재료를 몽땅 적어놓고 단어 카레 만들기를 했는데 아이들이 정말 재밌어했어요. 마찬가지 방법으로 아이가 좋아하는 음식이 있다면 단어 카드를 만들어놓고, 어떻게 해야 만들 수 있는지 이야기하며 단어로 음식을 만들어보세요. 요리를 했다면, 아이에게 어떤 재료로 어떻게 요리했는지 쓰게 해보세요. 기억력 발달에 도움이 됩니다.

딱풀 의성어 놀이

맞는 뚜껑을 찾아서
덮어줘야 해!

딱풀 뚜껑과 몸통에 동물이나 사물의 의성어·의태어를 짝지어 붙여놓고 단어 놀이를 해보세요. "우리가 맞는 뚜껑을 찾아서 덮어줘야 딱풀이 마르지 않아서 다시 쓸 수 있어."라고 했더니 부지런히 손을 움직이며 집중했어요. 딱풀 뚜껑을 열었다가 닫았다가 해보며 조작 능력도 함께 길러줄 수 있답니다. 뚜껑에 영어 대문자를 붙이고 몸통에 영어 소문자를 붙여서 대소문자 짝짓기 놀이도 할 수 있어요.

준비물 딱풀, 프린트한 단어, 테이프

200

1 딱풀을 굴려도 보고 뚜껑을 열었다 닫아보면서 탐색한다.

2 딱풀을 위로 높이 올려 쌓아본다.

3 딱풀 뚜껑과 몸통에 서로 관련된 단어를 붙여준다.

4 딱풀 뚜껑을 모두 분리하여 섞은 다음, 알맞은 의성어 · 의태어를 찾아서 뚜껑을 덮어준다.

응용

단어 잇기 딱풀 뚜껑에 인주를 묻혀서 큰 종이에 마음껏 찍어볼 수 있게 해주세요. 딱풀 뚜껑 찍기 활동은 어린아이들도 할 수 있고 소근육 발달에 좋은 놀이입니다. 인주가 마르면 엄마가 동그라미 안에 단어를 한 음절씩 분산하여 적어주세요. 엄마가 "불을 끄는 자동차는?" 질문하면, 아이가 선으로 이어서 단어를 만들어봅니다.

빙고~! 한 줄씩 지워요

어릴 때 많이 했던 빙고 게임입니다. 가로세로 4칸의 격자 종이를 아이에게 주면서 규칙을 잘 설명해주세요. "먼저 동물 이름을 칸마다 적어볼까? 그런 다음에 차례대로 단어를 말해서 단어를 지우는 거야. 엄마가 말한 동물이 너한테도 있으면 그것도 지울 수 있어. 가로, 세로, 대각선에서 먼저 4줄을 지우면 이기는 거야." 6~7세 아이는 아직 패배를 수용할 수 없는 나이이니, 졌다고 속상해하면 승부에서 질 수도 있다고 잘 다독여주세요.

4줄을 먼저 지우면 이기는 거야

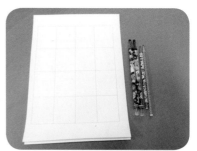

준비물 네모 칸 종이, 색연필, 연필

1 네모 칸 안에 주제와 관련된 단어를 적는다.

2 번갈아서 단어를 말하며 지운다. 상대방이 말한 단어가 나에게 있어도 지운다. 4줄을 먼저 지우면 승리~

동글동글 CD 책

CD로 책을 만들 수 있을까?

기관에 다니는 아이라면 대개 한 달에 한 번씩은 영어 CD를 가지고 오지요? 어릴 때 들었던 동요 CD도 많이 가지고 있고요. 열심히 듣는 건 보관해두지만, 영 흥미를 안 보이는 것은 자리만 차지하지요. 저는 엄마표 놀이에 사용하려고 따로 모아뒀다가 미술 놀이에 사용하기도 하고, 한글을 써서 CD 책으로 만들기도 한답니다. 공룡 이름을 쓰면 공룡 책이, 자동차 종류를 쓰면 자동차 책이 만들어지지요.

준비물 CD, 매직, 자석, 글루건

1 CD에 주제와 관련된 단어를 적는다.

2 CD 뒤에 글루건으로 자석을 붙인다.

203

어휘력이 퐁퐁~ 재미있는 끝말잇기

"차도"에서
끝에 오는 말이 뭐야?

끝말잇기는 자동차 안에서나 산책하면서 말 놀이로 많이 하지요. 상대방이 말하는 단어를 잘 듣고 끝말을 이어야 해서 어휘력뿐만 아니라 청각 집중력도 향상되는 놀이인데요. 쓰기 활동으로도 할 수 있습니다. 첫 단어만 적어서 활동지를 준비해주면 끝! 그날 읽은 책의 제목이나 등장인물로 첫 단어를 제시하면 독후 활동으로도 할 수 있답니다. 단어는 아는데 글씨를 어떻게 쓰는지 모른다면 다른 종이에 써서 알려주세요.

준비물 종이, 연필, 볼펜, 지우개

1 말 놀이로 끝말잇기를 해본다.

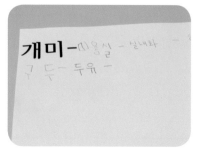

2 활동지의 첫 단어로 시작해서, 엄마와 아이가 교대로 단어를 적는다.

집에서 하는 시력 검사

시력검사를
왜 해야 할까?

아이들이 병원놀이를 자주 하는데 내용이 항상 비슷해서 시력 검사표를 출력해줬어요. 한쪽 눈을 가리고 문자나 그림을 맞추는 것이 재미있는지, 영유아 검진에 가면 시력 검사를 무척 재미있어하더라고요. 실제 병원에서 하는 것처럼 시력 검사표를 벽에 붙이고 "이거 읽어보세요", "다른 쪽 눈을 가려보세요." 하며 병원놀이를 확장해보세요. 아이 시력이 나빠지는지 관찰할 수 있어서 주기적으로 하면 좋답니다.

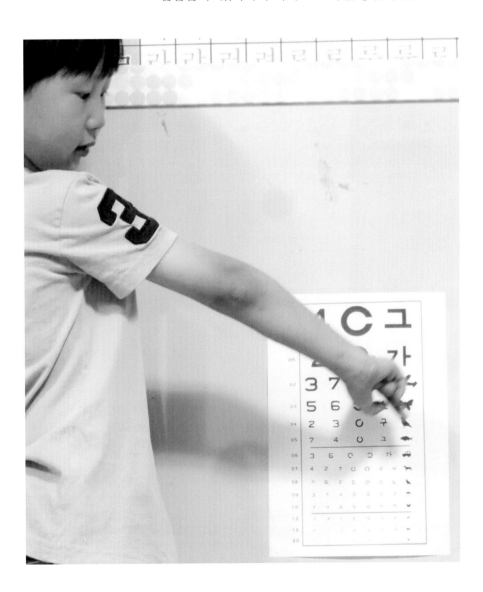

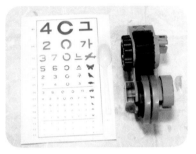

준비물 시력 검사표, 테이프, 일회용 숟가락

1 인터넷에서 찾은 시력 검사표를 프린트하여 벽에 붙인다.

2 일회용 숟가락으로 한쪽 눈을 가리고 시력 검사를 한다.

205

엄마표 놀이 준비물

한 번 놀아주려면 재료 준비부터 덜컥 겁난다고요? 엄마표 놀이를 하는 데 특별한 재료가 필요하지 않아요. 매일매일 집에서 나오는 재활용품과 동네 문방구에서 쉽게 구할 수 있는 재료들이 전부입니다. 아이들 책상 밑에 큰 바구니를 놔두고 놀이에 사용할 만한 재활용품을 담아두세요. 책상 위에는 자주 쓰는 연필·펜류, 테이프, 풀, 가위, 색종이 등을 정리해두고, 서랍 하나에 나머지 재료들을 넣어놓으면 된답니다. 송곳, 칼, 글루건 등 위험한 도구를 제외한 모든 재료를 아이들 손이 닿는 곳에 놓아두고 자유롭게 가지고 놀 수 있도록 해주세요. 그래야 엄마표 놀이도 쉽게 시작할 수 있습니다.

재활용 종이류
크고 작은 택배 상자, 과자 상자나 우유갑을 모아두자. 이렇게 큰 게 필요할까 싶은 큰 상자도 엄마표 놀이에 꼭 필요한 재료이다. 무심코 버리던 휴지심이나 달걀판도 다양하게 활용해보자. 달걀판은 규칙이나 분류 활동 교구를 만들 수 있고, 예쁘게 색칠하면 액세서리나 작은 소품을 보관하는 사물함이 된다.

종이류
전지, A4용지, 색종이, 색도화지는 엄마표 놀이의 필수품이다. 특히 전지는 물감으로 하는 퍼포먼스 위주의 놀이를 할 때 꼭 필요하니 준비해두면 좋다.

재활용 플라스틱류
생수병, 아이들 음료수병, 요구르트병 등 재활용품으로 나오는 플라스틱은 크기, 모양, 색깔이 다양해서 아이들 놀잇감으로 좋다. 뚜껑까지도 쓸모가 있다.

각종 인쇄물
잡지, 광고지는 다양한 사진을 오려 쓸 수 있고, 신문은 작은 종이로 할 수 없는 신체 놀이에 주로 쓴다. 탁상 달력도 점수판으로 사용할 수 있다.

일회용품
일회용 접시, 일회용 숟가락, 종이컵, 빨대, 이쑤시개, 쿠킹 포일 등의 일회용품은 생활에서도 사용하는 것들이라 엄마표 놀이에 부담 없이 쓸 수 있다.

비닐류
김장비닐을 비롯하여 주방에서 자주 사용하는 위생 팩과 위생 장갑, 물건을 포장하거나 방한용으로 쓰는 뽁뽁이도 유용하다. 투명 비닐 소재로 만들어진 셀로판지는 빛이 투과되고 색이 섞이는 것을 관찰하기에 좋다.

실, 끈 종류
리본을 만드는 끈은 미술 놀이에 필요하고, 그보다 두꺼운 끈 종류는 신체 놀이에 활용할 수 있다. 빵끈이나 모루는 철사가 들어있어서 쉽게 구부려서 모양을 만들 수 있다. 단, 모루 끝이 날카로우니 어린아이들의 사용에 주의해야 한다.

주방·생활용품
국자, 숟가락, 젓가락, 주걱, 빨래집게와 같이 일상생활에서 사용하는 도구들은 아이들 소근육 발달이나 집중력, 협응력 발달에 많은 도움을 준다. 도구 사용법도 익히게 되므로 일거양득이다.

물감류

엄마표 놀이에서는 주로 찍고, 불고, 섞는 퍼포먼스 놀이로 물감을 사용한다. 따라서 용량도 크고 손발이나 옷에 묻어도 잘 씻기는 유아용 워셔블 물감으로 준비하는 게 좋다. 수채 물감이 칠해지지 않는 표면에 채색할 때는 아크릴 물감이 필요하다.

공작도구류

엄마표 놀이의 주재료인 종이를 조작하기 위해 다양한 도구가 필요하다. 주로 쓰이는 펀치, 가위, 핑킹가위, 칼, 스테이플러 등은 갖춰놓도록 하자. 펀치는 아이들이라면 누구나 좋아하는 것으로, 신나게 구멍을 뚫으면서 조작 능력을 발달시킬 수 있다.

풀 종류

풀 종류도 물풀, 딱풀, 목공풀, 반짝이 풀 등 다양하다. 힘 조절이 어려운 어린아이들은 물풀보다 딱풀이 쓰기 좋다. 딱풀이나 물풀로 안 붙는 재료는 목공풀을 사용한다. 물풀을 반쯤 사용한 후에 물감을 섞으면 색깔 풀로 쓸 수 있다. 색깔 풀과 반짝이 풀은 미술 놀이나 꾸미기 재료로 사용하면 된다.

꾸미기 재료

스티커와 함께 스팽글, 뽕뽕이, 스티로폼 공, 모형눈 등의 꾸미기 재료를 준비해두면 아이들이 좀 더 자유롭게 자신의 작품을 꾸밀 수 있고, 작품의 완성도도 높아진다. 뽕뽕이는 꾸미기 재료뿐 아니라 엄마표 수학 놀이용 재료로도 사용할 수 있다.

채색 도구

어린아이들에게는 큰 붓을 주어 채색의 재미를 느끼게 하고, 5세 이상에게는 다양한 크기로 준비해주자. 넓은 면을 칠할 때는 스펀지를 이용하면 편하고, 작은 점을 찍어서 표현할 때는 면봉을 사용한다.

펜 종류

연필, 색연필, 볼펜, 매직펜, 사인펜 등 그림을 그리거나 글씨를 쓸 때, 색을 칠하고 꾸밀 때 필요한 것들이다. 다양한 그리기 도구를 사용해보면 각각 선의 굵기는 어떻게 다른지, 같은 색이라도 느낌이 어떻게 다른지 알 수 있고, 좀 더 다양한 표현이 가능하다.

테이프 종류

어떤 재료를 붙이는가와 활동 내용에 따라 투명테이프, 양면테이프, 마스킹테이프 등 다양한 테이프가 쓰인다. 투명테이프는 테이프 커터기에 사용하도록 하자. 한 번에 여러 장 뜯을 수 있고 아이들도 안전하게 사용할 수 있어서 여러모로 좋다.

글루건

종이가 아닌 재료를 붙일 때나 종이 중에서도 중량이 있는 경우는 글루건이 필요하다. 단, 고형화된 접착제를 열로 녹이는 것이라 어린아이들이 사용하기에는 위험하고, 7세 이상이 사용하더라도 꼭 부모의 감독이 필요하다.

스티커류

스티커를 싫어하는 아이들은 없을 정도라 스티커를 활용하면 놀이 몰입도와 만족감을 높일 수 있다. 여러 가지 모양 스티커는 작품을 꾸밀 때, 숫자 스티커는 숫자나 셈을 배우는 놀이에 유용하다. 견출지는 아이가 직접 숫자나 한글을 써서 붙여야 할 때 사용해보자. 엄마가 매번 출력하기여 준비하기가 번거로울 때도 편리하다.

그 외 문구점에서 구할 수 있는 재료들

풍선, 점토, 구슬, 주사위, 공, 자석 등 동네 문구점에서 싸고 쉽게 구할 수 있는 재료가 모두 엄마표 놀이의 재료가 될 수 있다.

아이와의 놀이가 기다려지는

세상에서 제일 행복한 엄마표 실내 놀이

ⓒ각씨마마 이미라 2017

초판1쇄 발행 2017년 9월 25일
초판9쇄 발행 2021년 11월 2일

지은이 각씨마마 이미라

펴낸이 김재룡
펴낸곳 도서출판 슬로래빗

출판등록 2014년 7월 15일 제25100-2014-000043호
주소 (04790) 서울시 성동구 성수일로 99 서울숲AK밸리 1501호
전화 02-6224-6779
팩스 02-6442-0859
e-mail slowrabbitco@naver.com
블로그 http://slowrabbitco.blog.me
포스트 post.naver.com/slowrabbitco
인스타그램 instagram.com/slowrabbitco

기획 강보경 **편집** 김가인 **디자인** 변영은 miyo_b@naver.com

값 15,000원
ISBN 979-11-86494-33-2 13590

「이 도서의 국립중앙도서관 출판시도서목록(CIP)은 서지정보유통지원시스템 홈페이지(http://seoji.nl.go.kr)와 국가자료공동목록
시스템(http://www.nl.go.kr/kolisnet)에서 이용하실 수 있습니다. (CIP제어번호: CIP2017023107)」